黄 橙 紫
系列丛书

THE ORANGE
Jewelry Design Picture Album Ⅰ

橙子珠宝设计画册 Ⅰ

 黄湘民　陈　敏　著
黄素玲　陈韵宜

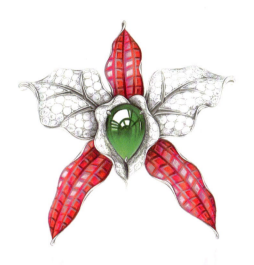

PREFACE

前 言

橙子·珠宝设计画册 Ⅰ

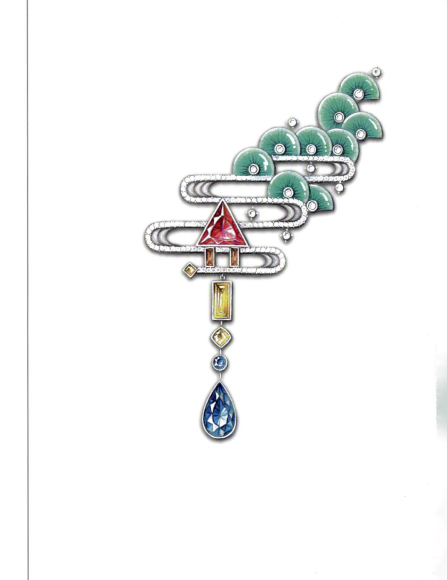

在当前珠宝设计领域仿制作品泛滥的市场环境下，原创珠宝设计市场发展前景岌岌可危。为了重建和谐有序的原创珠宝设计市场，橙子团队决定尽一己之力，创作一套高品质珠宝设计系列画册。本书作为该系列画册的首本，汇集了团队成员近一年以来的精品力作，以期为仍致力于原创珠宝设计的同仁提供借鉴。

为了寻找新的创作概念，团队成员通过每周的选题论证会对大量设计题材进行筛选，去粗取精，力求在原创性、创新性上独树一帜。

在画册作品的设计和编排过程中，团队成员在设计内容上务求精彩，在步骤说明上务求详实，在款式设计上务求创新，在技巧上务求如手术解剖般细致入微，在排版上务求与国际化接轨，做到美观时尚。

一段段文字如和风细雨般娓娓道来，极尽所能地展现了作品的特色和设计师的创意；一幅幅画稿如行云流水般袭来，让读者在美的旋律中徜徉。

这本画册的每一幅作品的创作过程都详细地发布在"橙子微课堂"，既让读者以最便捷的方式鉴赏原创作品，又将珠宝设计技巧化整为零，方便读者以碎片化的方式学习。有些款式发布在微课堂之后，被我们的客户选中并购买了版权。因为我们之前已经说明，出现在微课堂的所有设计图必须集结成册出版，所以，这部分的款式版权还是归客户与橙子共同所有，切勿商用，否则会涉及到版权法律问题。

在此，必须说明一件事情，我们的作品经常遭遇盗版，很多朋友格外喜欢橙子的作品，不惜将它们当作自己的作品进行传播。当然，这种传播也扩大了橙子的渗透率，增加了橙子的影响力，但是，这些行为都侵犯了《黄橙紫系列丛书》的知识产权，侵害了我们的利益。我们非常在意自己的作品被人抄袭，非常痛心自己的设计被人窃取，设计师希望深更半夜赶稿修图的成果得到大家的尊重。大家支持原创，支持在夹缝中坚持的设计师们，也就是支持中国未来的珠宝设计。

橙子团队
2018年06月

CONTENTS

目 录

001　本书使用的工具

005　**无边镶篇**
007　隐形的翅膀
013　月季花开
019　幽兰绽放
027　爱的守护
035　银杏叶

043　**简约篇**
045　耳畔上的情结
059　浪漫华尔兹
065　水之声
071　自由

081　**四季篇**
083　春
089　夏
095　秋
101　冬

109　**婚戒篇**
111　转角遇到爱
117　两心相拥
123　臻爱印记
127　遇见幸福
133　守护

139　**洛可可篇**
141　维多利亚的秘密
147　轻盈羽动

153　**自然篇**
155　罂粟花的诱惑
159　又见鸢尾花
167　花开指尖
171　飞花似梦
181　舒俱莱
189　橡果

195	旗袍篇	361	宝石篇
197	轻颦浅笑芙蓉开	363	宝石琢形
203	绣幕芙蓉一笑开	377	钻石
209	一缕书香在心间	379	红宝石
		381	蓝宝石
215	珐琅篇	383	星光蓝宝石
217	红屋翠柏套装	385	粉色蓝宝石
229	韶光套装	387	祖母绿
239	"蜓蜓"玉立	389	珍珠
247	一抹含笑	393	海蓝宝
255	良"橙"美景	395	托帕石
259	勿忘我	397	碧玺
265	紫露草	401	沙弗莱石
271	兰花草	403	锰铝榴石
275	幸运草	405	尖晶石
279	鱼"悦"	411	紫黄晶
		413	摩根石
285	碧玺篇	415	翡翠
287	冰川烈焰	417	猫眼石
293	君子之兰	419	葡萄石
299	凌波仙子	421	月光石
305	寻鹿	423	绿松石
311	结缘	425	钛晶
		427	红纹石
317	仙鹤篇	429	玛瑙
319	鹤舞清影一	431	珊瑚
323	鹤舞清影二	433	欧泊
329	鹤舞清影三	435	孔雀石
335	玫瑰篇	437	参考文献
337	"玫"好时光一	438	后记
345	"玫"好时光二		
353	"玫"好时光三		

本书使用的工具

对于未入门的人来说，珠宝绘图到底要用到哪些工具呢？绘图的工具是不是越多越好？其实，在设计的过程中，重要的在于设计师本身绘图的笔触与技法。当然，在绘图过程中有了工具的辅助，设计师能够提高工作的效率。（根据我们多年从事珠宝绘图设计的经验，挑出了如下在绘图过程中设计师常用的工具。这些绘图工具（包括套装）都可以在我们的淘宝网店——"橙子珠宝设计中心"购买。）

施德楼48色水溶性彩色铅笔

本书所用绘图工具以施德楼48色水溶性彩铅为主。在绘图中，一般使用彩色铅笔来着色，快速简单。由于其铅心可溶于水，在涂画的过程中可用毛笔沾水使颜色晕开，从而画出通透光滑的质感。色彩丰富且饱满，叠加涂画可使混合的效果更出色。为方便后期涂色，可用记号笔对每支彩铅进行标号。

白色	柠檬黄	荧光黄	黄色	砂黄	粉陶	土黄	浅棕	浅橘	橘色	绯红	红色	玫红	紫红	红褐色	浅洋红	粉洋红	品红	洋红紫	木槿紫	薰衣草紫	紫色	彩陶蓝	钴蓝
0	12	10	1	11	43	16	49	42	4	24	2	23	260	72	21	25	20	29	61	62	6	63	33

蓝色	青蓝色	浅粉蓝	粉蓝	松绿	海洋蓝	蓝绿	莱姆绿	柳绿	正绿	青绿	粉绿	青橄榄	橄榄绿	焦黄色	浅棕	深绿黄	深棕	浅灰	鸽灰	暖灰	灰色	银灰色	黑色
3	37	30	302	35	38	59	53	50	5	52	550	56	57	73	77	19	76	800	83	85	8	80	9

彩铅编号编写示范

先用记号笔写上对应的编号，然后用透明胶带贴住编号以保护记号不掉。

＊请一定要对彩铅进行编号哦

彩铅涂画方法

一种颜色由深到浅的笔触涂画 　　对比色叠加涂画，丰富颜色色调 　　相近色叠加涂画，丰富颜色色调

施德楼补色笔

施德楼补色笔是水性染料墨水,可快速着色,快干且颜色鲜艳明快,与彩铅混合使用,效果更佳。使用施德楼补色笔时,切记反复地涂画同一个地方,因它具有水性的特点,容易造成纸张的破损。

一头是软笔尖,一头是硬笔尖,可均匀着色

珠宝绘图专业模板

珠宝绘图常用的模板有圆形模板、椭圆形模板以及宝石模板。在绘图过程中常借助模板进行绘图,使描画出来的形状、线条均匀顺畅。在使用模板时,借助每个模板的特点,可令绘图更加快速。

 打开手机扫一扫可购买珠宝绘图工具套装

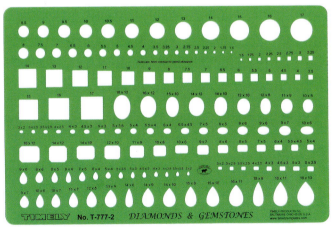

灰色卡纸

在灰色卡纸上进行绘画，因其背景属于灰色调，能增强整个画面的立体感；另外，其表面细腻的纹理独特别致，可使整体效果更佳。

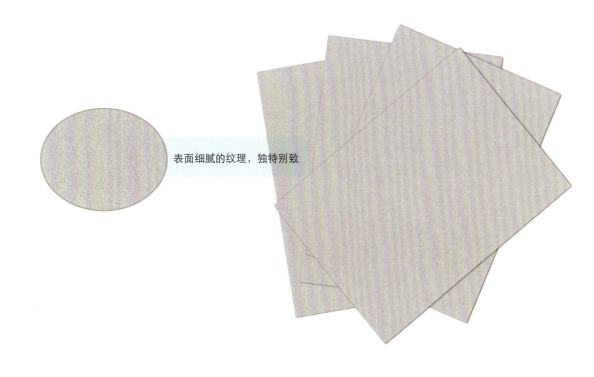

表面细腻的纹理，独特别致

高光笔

在灰色卡纸上作画，高光笔必不可少，它是提高画面局部亮度的好工具。在绘制珠宝时，高光笔常用来涂画钻石、宝石，且可起到提亮整体的作用。

橡皮泥

橡皮泥的可塑性强,可随意塑造出任意的形状,又具备橡皮擦的功能。在描绘草图或者修整造型时,以按压轻粘的方式使用橡皮泥,可使碳粉粘在橡皮泥上,达到减淡的效果。下图是用橡皮泥减淡造型,再用铅笔修整造型的前后效果对比。

减淡造型前

减淡造型后

毛笔

由于彩铅是水溶性的,在涂画过程中,表面会留下一些彩铅的颗粒,为使整体通透温润,可用毛笔蘸水轻轻涂抹晕染。

晕染前

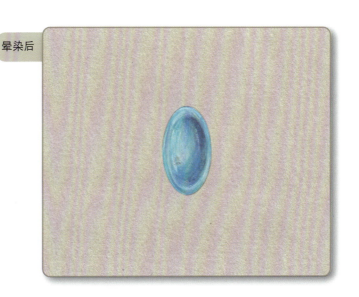
晕染后

无边镶篇

  无边镶是宝石的镶嵌方式之一，即宝石由亭部刻槽固定，一颗颗拼接成面，不见金属镶座、镶爪或支架，故又称隐秘式镶嵌。其镶嵌的过程异常繁复，镶座与宝石都要经过反复的细心雕琢，将每颗要镶嵌的宝石侧面切割出一条特别的沟槽，使宝石准确地沿着网格线滑入正面的方格中，并一粒粒固定在位置上。本篇章采用顶级的无边镶工艺设计，给人无以伦比的视觉感受。

隐 形 的 翅 膀

　　灵感源自勇敢、自信的蝴蝶。丑陋的毛毛虫在密不透风的蛹内,在层层的蜕变中悄无声息地酝酿着美丽,幻化成灵动亮丽的蝴蝶,只要活着,就会不停地扇动翅膀去飞翔。蝶翼采用顶级无边镶工艺,更为作品增添了一抹无可比拟的梦幻瑰丽气质。正如每个人在追寻自己的舞台,心中那勇往直前的信念就是那隐形的翅膀,将所有的艰难化作五彩蝶翼,在未来征途上指引着追寻梦想的方向。

材质:18K玫瑰金、红宝石、翡翠、钻石

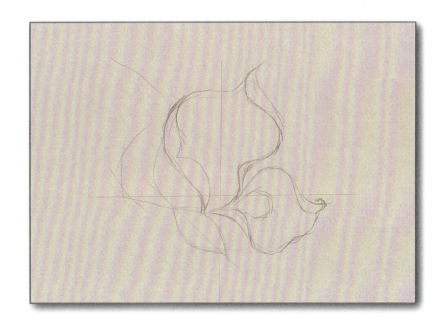

① 画垂直辅助线，粗略地描画出蝴蝶的造型（高×宽：51mm×58mm）。

② 刻画细节，丰富造型。沿着蝴蝶的翅膀画出无边镶镶嵌的宝石及镶嵌的钻石。

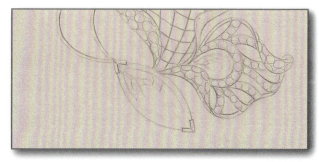

Tips 定出主石的高光区域和反光区域以便之后刻画时留白用。

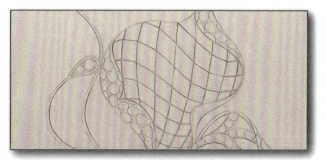

③ 修顺线条并画出镶嵌的钻石及钉。加强重叠线、转折线以及明暗线以突显它的立体感。主石轻画以区分出高光部分。

Tips 画翅膀部分的无边镶宝石时，要顺着翅膀的方向画线条，高低起伏的感觉可令蝴蝶更生动。

④ 涂画出基本色调。红宝石先用白色（0#）涂画出亮部，再用浅洋红（21#）涂画出基本色调，主石用柠檬黄（12#）涂画，玫瑰金用粉陶（43#）涂画。

⑤ 用品红（20#）加深红宝石暗部，沿着宝石边缘加深刻画。主石用柳绿（50#）叠加涂画。

⑥ 主石用正绿（5#）由暗部逐渐向灰部过渡涂画。

⑦ 主石用粉绿（550#）过渡其灰部和亮部。红宝石用粉红色补色笔（200#）加强暗部和台面，然后用白色（0#）过渡。

⑧ 主石加一些黑色（9#），让其暗部和亮部对比更强烈。红宝石用相近色调的玫红（23#）、品红（20#）、浅洋红（21#）强调其颜色深浅的变化，然后用白色（0#）提亮亮部。

Tips 顺着金属的方向加强暗部，涂画时注意笔触的虚实。

Tips 明暗交界线加重，突出立体感。

9 红宝石用红色补色笔（2#）加深暗部，丰富暗部的颜色。玫瑰金用红褐色（72#）画出暗部，然后用白色（0#）涂画出高光，增强金属质感。

Tips 沿着宝石边缘加强暗部，表现出宝石的立体感。暗部的笔触力度可加重，逐渐向亮部过渡。

Tips 注意圆形红宝石暗部的表现，顺着宝石方向涂画。

⑩ 用灰色补色笔（84#）在镶钻石部分涂画出暗部。阴影用鸽灰（83#）在右下方画出。

⑪ 用黑色（9#）加强整只蝴蝶的明暗交界线、重叠线、转折线以及与物体交接部分的投影。

⑫ 用高光笔画出红宝石、主石、金属的高光和反光，圈画出钻石。

⑬ 继续用高光笔涂画钻石，由亮部（涂满整颗钻石）逐渐向暗部过渡，最后用铅笔修整毛边。

⑭ 用灰色补色笔（84#）轻轻覆盖钻石暗部，用粉红色补色笔（200#）过渡红宝石高光部分，令之柔和自然。

月 季 花 开

浅靥清眸面若霞，无声四季吐芳华。轻轻拨开簇拥的绿叶，红宝石的炽热，绿宝石的清新淡雅，钻石的璀璨。结合顶级的无边镶工艺，层叠的花瓣，将月季绽放的姿态展现得惟妙惟肖，仿若散发着魔法般奇异光芒的美丽花园，营造着一场华丽的盛宴。

材质：18K白、钻石、红宝石、沙弗莱石

① 画出垂直辅助线,再在中心位置用铅笔轻轻描画出草图,画出的花造型以圆形为主(高×宽:60mm×46mm)。

② 修整造型。花瓣可借助圆形模板圈画,然后画出镶嵌的钻石与红宝石。

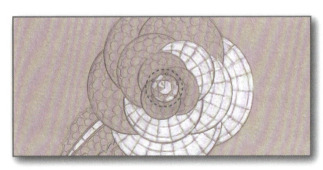

Tips 沙弗莱石用白色在其暗部、高光刻面和反光刻面涂画。

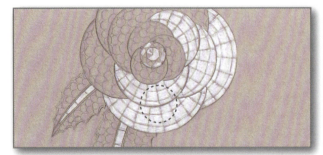

③ 为使有色宝石在灰卡纸上呈现鲜艳的色彩,可先用白色(0#)铺一层底色。

Tips 涂画无边镶宝石时注意留出宝石的边缘线。

④ 红宝石用桃红色补色笔（200#）涂画暗部，沙弗莱石用柳绿（50#）涂画出基本色调。

⑤ 沙弗莱石用正绿（5#）加强暗部，红宝石用品红（20#）画出大致的明暗关系。

⑥ 红宝石用浅洋红（21#）、玫红（23#）、洋红色（29#）过渡它的深浅色调，然后用白色（0#）加强亮部。

Tips 两片花瓣重叠处阴影重，慢慢向亮部过渡。

Tips 靠近物体处的投影重，画投影时沿着物体逐渐向外过渡。

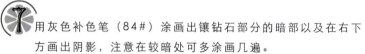用灰色补色笔（84#）涂画出镶钻石部分的暗部以及在右下方画出阴影，注意在较暗处可多涂画几遍。

Tips 沙弗莱石用高光笔画出刻面线以及高光刻面，台面的反光以射线的方式由外向中心涂画。

8 用高光笔画出沙弗莱石的刻面线、金属边，并圈画出钻石。

Tips 注意镶钻石部分受光源方向的影响,受光亮,背光暗。

Tips 用灰色补色笔轻轻覆盖镶钻石的暗部,突显其立体感。

Tips 重叠线条用黑色加强。

9 用高光笔涂画出钻石并点出钉,用灰色补色笔(84#)轻轻覆盖钻石暗部。用黑色(9#)加强重叠线。用粉绿(550#)和浅洋红(21#)画出环境色,用白色(0#)轻轻覆盖投影并表现投影处的反光。

Tips 用浅洋红画出投影处的环境色,注意离物体有一定距离。

橙子·珠宝设计画册 I

018

幽 兰 绽 放

灵感源自兰花绽放时的优雅姿态。兰花花瓣以无以伦比的无边镶工艺镶嵌红宝石，搭配纯净无瑕的钻石，映照着中间主石的璀璨光辉，仿佛露珠凝聚其上。红宝石的炽热与翡翠的淡雅更是形成强烈的对比，呈现出兰花的摇曳身姿，传递着浑然天成的优雅。酝酿着惊鸿一瞥，待君采撷。兰之猗猗，扬扬其香，其始终淡雅的自信，蕴意着女性似君子般自信、从容的优雅之姿。

材质：18K白、翡翠、红宝石、钻石

Tips 注意花心处钻石的画法，是逐渐变小的椭圆形，可体现出立体感。

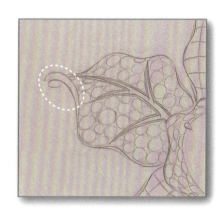

Tips 花瓣尖处微卷，可令造型更生动。

1. 画出垂直辅助线，用铅笔轻轻勾绘出兰花的草图，然后在此草图的基础上再刻画出细节（高×宽：81mm×82mm）。

Tips 每片花瓣由主石向外散射。有主石的设计，可先从主石着手画。

2. 修整造型，刻画细节，画出镶嵌的宝石，然后加强重叠线、转折线以及明暗交界线来突显它的立体感。

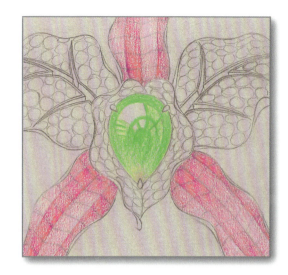

Tips 靠近高光部分的颜色较深，注意笔触顺着翡翠的轮廓涂画。

3 红宝石用品红（20#）涂画出它的基本色调，暗部的笔触力度可加重，逐渐向亮部过渡，表现出它的明暗效果。翡翠先用柠檬黄（12#）涂画一遍底色，再用柳绿（50#）叠加涂画。

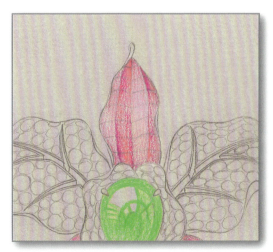

Tips 注意镶嵌红宝石转折面的表现，受光源的影响，受光部亮，背光部暗，明暗交界处颜色较深。

Tips 用品红涂画时，两头颜色深，逐渐向中间过渡，深色部分可叠加涂画几层，表现出明暗变化。

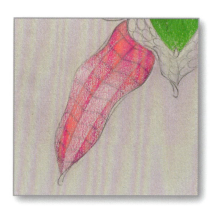

Tips 注意加强明暗交界线的地方。

Tips 叠加涂画花瓣深色部分，令花瓣的立体感更强烈，明暗交界线和转折的部分要交代清楚。

④ 用正绿（5#）加深翡翠的深色区域。为增强花瓣的立体感，用品红（20#）继续叠加涂画。

⑤ 翡翠用粉绿（550#）过渡暗部和亮部。红宝石暗部用桃红色补色笔（202#）沿着宝石边缘线涂画，再用粉红色补色笔（200#）过渡。为使彩铅与补色笔融合，用玫红（23#）和品红（20#）过渡。

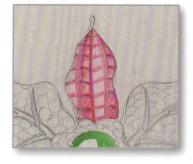

Tips 用桃红色补色笔加强宝石的边缘线。

Tips 彩铅涂画时有颗粒状，可加重笔触涂画让其颗粒融合，令宝石更通透。

Tips 用黑色加强翡翠的明暗交界线，切忌过多涂画大面积，否则会显得僵硬死板。

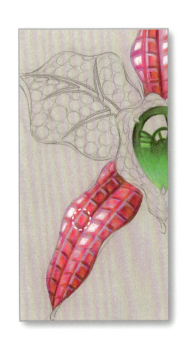

Tips 注意宝石的明、暗、灰的节奏变化。

6 翡翠的最暗部分用黑色（9#）加强。红宝石亮部用白色（0#）提亮，然后用浅洋红（21#）和品红（20#）过渡亮部和灰部。

Tips 用白色在宝石台面涂画，提亮宝石。

Tips 注意明暗的过渡。

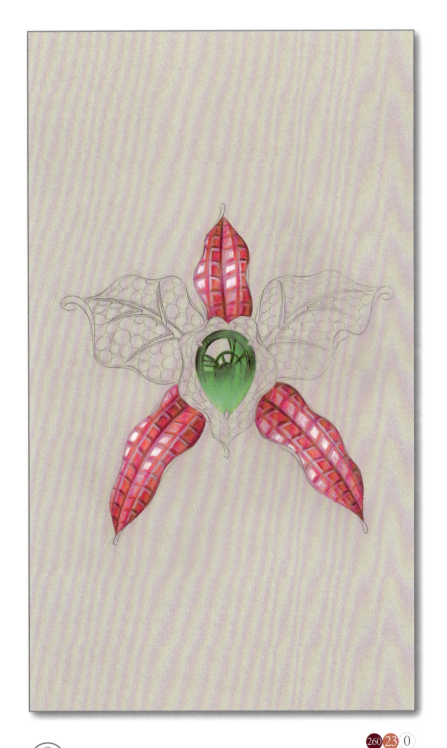

Tips 用灰色补色笔表现出暗部的钻石。在叶脉、重叠、转折处涂画。

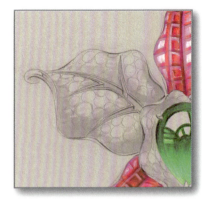

Tips 用黑色加强轮廓线，注意线条的轻重变化。

260 23 0

7 为使红宝石的颜色更鲜艳，用补色笔加强色调。深色部分用红色补色笔（2#），中间调用桃红色补色笔（202#），浅色部分用粉红色补色笔（200#），然后用紫红（260#）、玫红（23#）和白色（0#）过渡，将补色笔和彩铅颜色融合，使颜色过渡更自然。

9 83

8 镶钻石部分先用灰色补色笔（84#）涂画出它的暗部，然后用黑色（9#）加强重叠线、转折线以及红宝石部分的最暗部，最后用鸽灰（83#）涂画一些阴影。

⑨ 用高光笔涂画出金属、钻石并点出钉的位置。

⑩ 用高光笔涂画出钻石、翡翠的高光面。用银灰（80#）和黑色（9#）涂画钻石以及金属的暗部。用粉绿（550#）过渡翡翠的亮部并在翡翠周边的钻石上稍微涂画一些环境色。

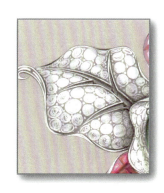

Tips 注意镶钻部分明暗关系的节奏变化。由于前后关系的影响，重叠处颜色较深。

Tips 受光源影响，凹下去的部分较暗。

⑪ 用铅笔修整粗糙的毛边，然后用灰色补色笔（84#）轻轻覆盖钻石以及金属的暗部，表现出镶钻石部分的明暗关系，令整体的立体感更强。

爱的守

灵感源自雌鸟孵化新生命时默默守护的无私。有爱守护的地方，生命便能欣欣向荣。胸针以珍珠为主石，而珍珠是母贝倾尽所有用生命孕育的精华；雌鸟的造型采用潇洒流畅的线条勾勒出，镶嵌纯净的蓝宝石，呈现出雌鸟幽蓝的羽毛，将其玲珑的姿态展露无疑。宛如母亲一动不动地守护着还没出生的孩子，用最纯洁真诚的爱去孕育，期待着新生命的孵化。雌鸟来自心底的守护，将母爱的无私完美地诠释出来了。

材质：18K白、珍珠、钻石、蓝宝石、橙蓝宝

Tips 注意转折处厚度的表现。

Tips 转折处的线条加重，注意线条的轻重虚实。

1 画辅助线，先确定出鸟各个部分的结构在画面中的位置，然后以流畅的线条勾勒出整个造型（高×宽：100mm×77mm）。

2 修整造型，刻画出细节，注意厚度的表现，以及转折、重叠线的加强。

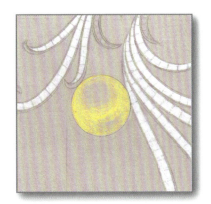

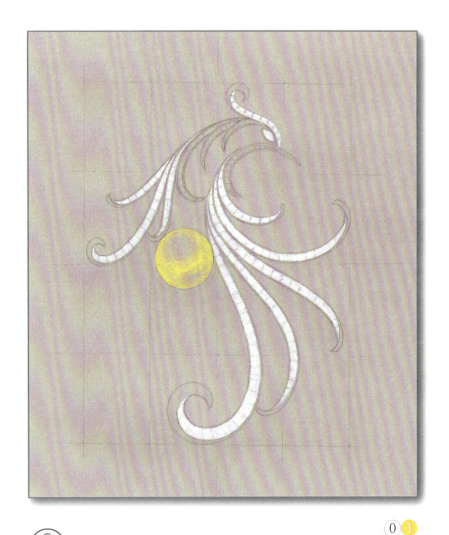

Tips 在灰卡纸上色时，有色的宝石涂画一层白色，会使宝石颜色更鲜艳。

Tips 留出珍珠的反光和高光，明暗交界线的位置笔触力度重，多叠加涂画几层。

③ 用白色（0#）在蓝宝石上涂画一层底色，金色的珍珠则用黄色（1#）涂画出基本色调，注意留出珍珠的高光和反光。

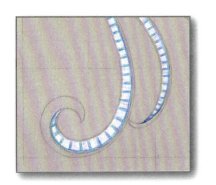

④ 珍珠用白色（0#）涂画出高光和反光，暗部则用土黄（16#）。蓝宝石用蓝色（3#）粗略地勾画出每颗宝石。

Tips 转折处和重叠处的线条颜色较深，注意线条的轻重节奏。

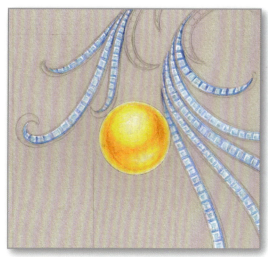

Tips 马眼的边留白,可增强宝石的通透感。

⑤ 鸟眼睛处的马眼的基本色调先用荧光黄(10#)涂画,再用绯红(24#)在暗部刻画。珍珠用砂黄(11#)叠涂暗部和灰部,丰富珍珠的色调,明暗交界线的地方加强。蓝宝石用浅蓝(30#)涂画出整颗宝石的形状,注意高光处留白。

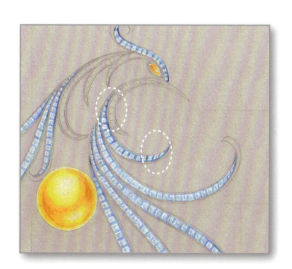

Tips 宝石两端的颜色深,中间浅。

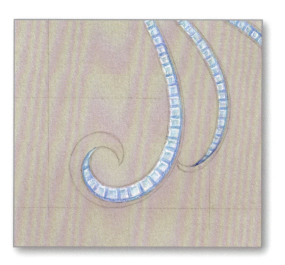

Tips 宝石受光面颜色浅,背光面颜色深。

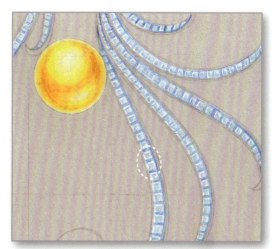

Tips 在台面注意笔触的虚实,靠近高光处重,逐渐减轻过渡。

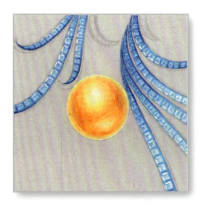

Tips 珍珠的亮、灰、暗的节奏变化。

Tips 加强转折线,注意轻重变化。

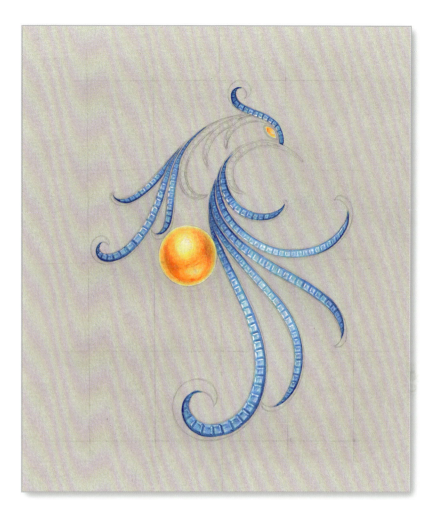

⑦ 用灰色补色笔(84#)涂画出投影、镶钻部分以及金属的暗部。

㊻ ❸ ㉚ 0

⑥ 用浅棕色(49#)继续加强马眼和珍珠,蓝宝石用蓝色(3#)、浅蓝(30#)、白色(0#)由深色到浅色过渡涂画。

Tips 画投影时,沿着造型的右下方画,注意虚实关系。

橙 · 珠宝设计画册Ⅰ
子 ·

Tips 用黑色加强边缘线，突出立体感，注意线条的轻重。

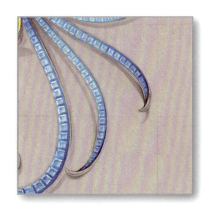

Tips 把握投影的明暗关系，靠近物体处重。

❽ 用黑色（9#）加强金属的暗部、重叠线、转折线以及明暗交界线，过渡阴影的虚实，离物体越近阴影越暗。

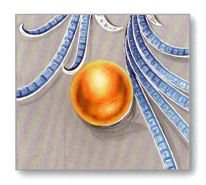

Tips 沿着珍珠的边缘轮廓用高光笔画出珍珠的反光。

Tips 在无法镶嵌钻石的金属死角位可点一些钉。

❾ 用高光笔圈画出钻石、金属边，在珍珠的右下方画出它的反光。鸟眼睛处的马眼可稍微用高光笔画出它的高光，令它看上去更通透。

Tips 中间的钻石比两头的钻石亮。

Tips 用灰色补色笔轻轻覆盖镶钻部分的暗部。

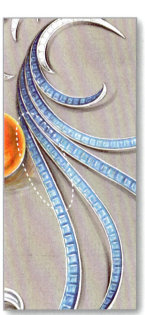

Tips 投影受物体颜色影响，投影处涂画出珍珠的环境色。

⑩ 先用高光笔涂画钻石，然后用灰色补色笔（84#）轻轻覆盖镶钻部分以及金属部分的暗部。投影用鸽灰（83#）和黑色（9#）加强虚实，最后用浅棕（49#）、浅橘（42#）、砂黄（11#）涂画一些环境色。

Tips 受珍珠颜色影响，蓝宝石上涂画一些黄色。

橙子·珠宝设计画册 I

034

银 杏 叶

　　灵感源于金黄的银杏叶。戏清风于明月下，弄明月于秋水中，在萧瑟的秋中酝酿着希望，片片如蝶舞影。采用了顶级镶嵌工艺无边镶嵌，褶皱高低起伏的节奏感，宛如少女裙摆优雅的造型，呈现出银杏独有的特性。叶边缘一分为二而叶柄处又合并为一，蕴含着自然万物阴阳和谐之道。银杏叶由碧叶翻成金黄，更散发着某种古老而又神秘的清香，萦绕在整个指尖。

材质：18K黄、白钻、沙弗莱石

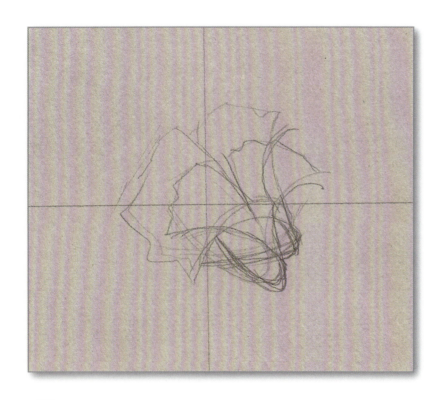

① 画垂直辅助线，然后以十字定线为中心粗略地画出戒指的草图（高×宽：50mm×54mm）。

② 在草图的基础上，逐渐修整造型，刻画细节。沿着造型画出无边镶镶嵌的绿色宝石以及钻石。

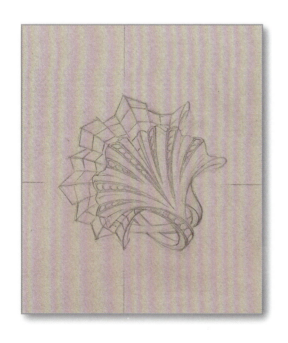

③ 修顺线条。在描画的时候注意线条虚实，加强转折线、重叠线。

④ 用荧光黄（10#）涂画出金属的基本色调。绿色宝石则用柳绿（50#）涂画一层底色。

⑤ 用砂黄（11#）加强金属的暗部，绿色宝石用粉绿（550#）沿着宝石边缘加重。

Tips 注意银杏叶褶皱起伏的表现，受光面的宝石颜色浅，背光面的宝石颜色深。

Tips 画无边镶时注意宝石受光面的光影表现，受光亮，背光暗，台面由深到浅涂画。

⑥ 土黄（16#）继续加强金属暗部，令其金属质感更强烈。沙弗莱石用正绿（5#）刻画暗部，然后用莱姆绿（53#）由亮部逐渐向暗部过渡涂画，使其颜色过渡柔和自然。用白色（0#）涂画出绿色宝石以及金属的亮部。

⑦ 沙弗莱石用黑色（9#）刻画最暗部，然后用青绿（52#）过渡。

⑧ 用灰色补色笔（84#）涂画出镶钻部分的暗部。用鸽灰（83#）画出阴影，然后黑色（9#）过渡暗部与阴影的虚实。

⑨ 高光笔画出钻石、金属和沙弗莱石的高光、反光以及星光效果。修整毛边。灰色补色笔（84#）轻轻覆盖镶钻部分的暗部，使其过渡自然。

扫码观看《银杏叶》教学视频

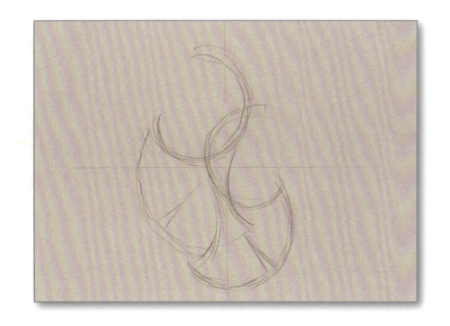

① 画垂直辅助线，粗略地画出银杏叶的造型（高×宽：64mm×44mm）。

② 在草图基础上逐渐修整造型，刻画出细节。沿着造型画出无边镶镶嵌的沙弗莱石以及钻石。

Tips 用铅笔稍微表现出金属的纹理。

③ 修顺线条并用模板圈画出钻石。金属用荧光黄（10#）、沙弗莱石用柳绿（50#）涂画出它们的基本色调。

Tips 沙弗莱石用柳绿整体涂画一层。

Tips 用砂黄沿着金属的明暗交界线涂画，注意留出反光的边缘。

④ 用砂黄（11#）刻画出金属的暗部，沙弗莱石暗部较亮的一面用粉绿（550#）涂画。

橙子・珠宝设计画册 I

Tips 用砂黄顺着银杏叶的外形涂画，使其纹理的颜色有深浅变化，营造出叶脉的效果。

Tips 用砂黄涂画金属边时，不要完全覆盖荧光黄，留出一些作为亮部的色调。

Tips 用粉绿涂画镶嵌沙弗莱石的暗部。

040

⑥ 用黑色（9#）加强暗部的边缘线，突显出整体的立体感。

⑤ 用土黄（16#）加强金属暗部，沙弗莱石用正绿（5#）刻画暗部，然后用莱姆绿（53#）由暗部向亮部过渡，用白色（0#）提亮沙弗莱石以及金属的亮部。用灰色补色笔（84#）画出投影。

⑦ 用高光笔画出金属边、钻石以及提亮沙弗莱石。用鸽灰（83#）加强投影虚实。

Tips 用黄色涂画前后对比（主要在金属的亮部与暗部之间涂画）。

⑧ 用黄色（1#）涂画金属，使其颜色更鲜艳。

Tips 用正绿由里向外的笔触方向涂画，力度由重到轻的过渡。

⑨ 沙弗莱石用正绿（5#）加强暗部，然后用柳绿（50#）过渡，使其颜色更加浓郁，最后用高光笔画出星光效果。

简 约 篇

　　面对四周冰冷的钢筋水泥、繁琐的生活、高压的工作,越来越多的人追求简约快速的节奏。极简的首饰通常以最简单的线条去构造,整体造型简约凝练,灵动又不繁琐。本篇章以极简风格为题材,通过简约流畅的线条造型,简约而不浮夸,以独特的风格再现现代都市追求的自由空间,宣扬独立的个性。

耳 畔 上 的

灵感源自浪漫的蝴蝶结。将蝴蝶结与天然的水晶相融合，柔美的线条交织缠绕，仿若丝丝絮絮剪不断的情结，在曼妙纽带缠绕而成的蝴蝶结中动情地绽放，让两个独立的灵魂连结于心，耳鬓厮磨，彼此温暖依偎。

材质：18K黄+白、钻石、晶石

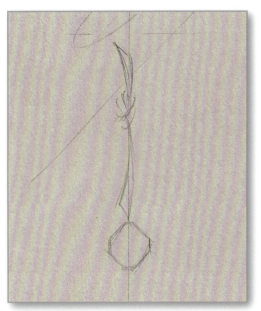

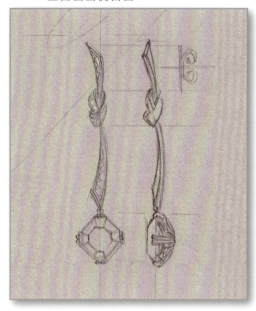

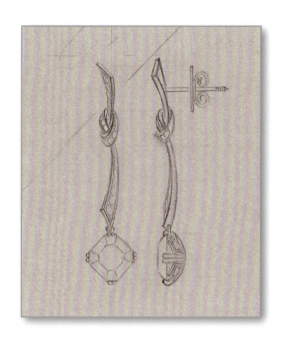

① 画垂直辅助线，然后在垂直线上确定耳环的高度，画出耳环的大致轮廓线（高×宽：63mm×11mm）。

② 刻画细节，注意线条的粗细变化。加重重叠线突出前后关系。根据耳环的正面画出侧面图。

③ 用橡皮泥轻粘减淡造型，再描画一遍线稿，令整体线条流畅。

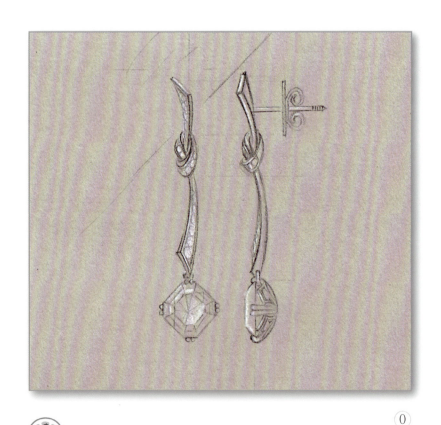

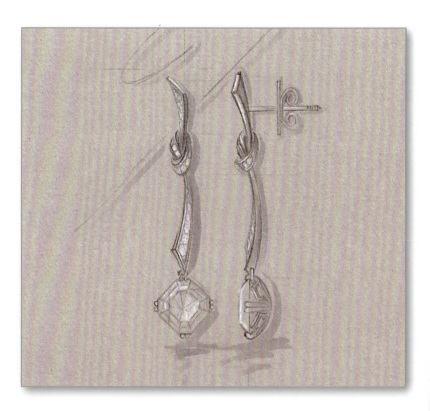

④ 用白色（0#）表现出基本的明暗关系，涂画出钻石。

⑤ 用灰色补色笔（84#）涂画出耳环的暗部以及投影部分。

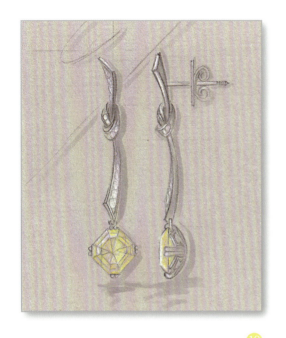

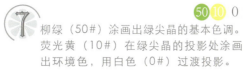

⑦ 柳绿（50#）涂画出绿尖晶的基本色调。荧光黄（10#）在绿尖晶的投影处涂画出环境色，用白色（0#）过渡投影。

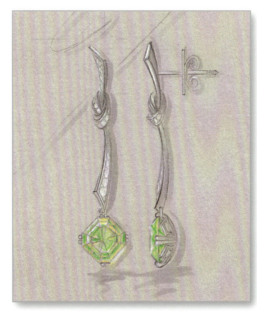

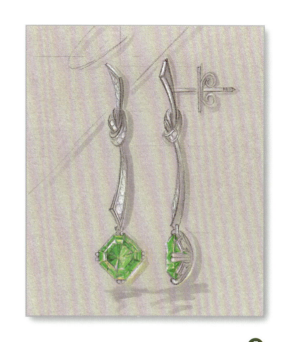

⑥ 主石是绿尖晶，因此荧光黄（10#）作为绿尖晶亮部的色调，先涂画一层荧光黄。

⑧ 正绿（5#）画出绿尖晶的深色部分，台面以射线的方式由外向内刻画。

Tips 暗部刻面线加强，突显出宝石的立体感。

Tips 绿尖晶侧面的腰棱线两头重，向中间逐渐减轻。

⑨ 绿尖晶用黑色（9#）笔尖清晰刻画出暗部的刻面线，加强明暗对比，然后用荧光黄（10#）过渡绿尖晶的暗部和亮部，使整体颜色过渡自然。

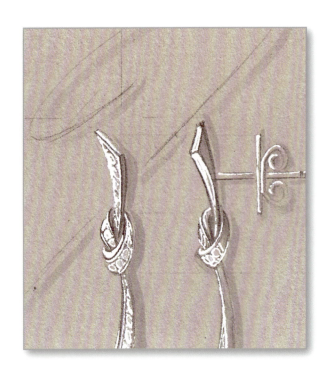

Tips 背光的金属面暗,沿着金属边画出金属的亮部和反光。

Tips 高光笔在绿尖晶的亮部画出刻面线,使绿尖晶的明暗对比强烈。

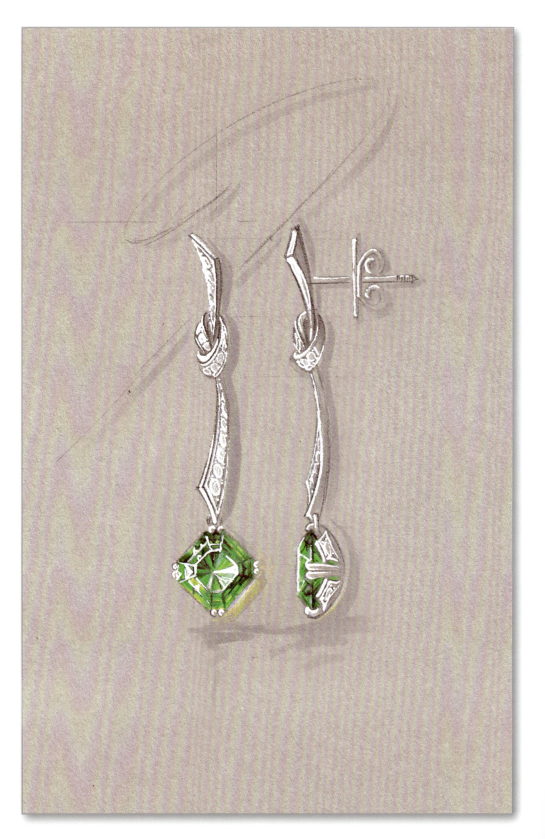

10 高光笔画出绿尖晶的高光、反光以及亮部的刻面线,画出钻石以及金属。

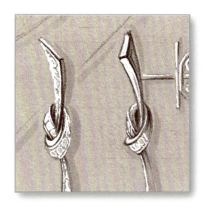

Tips 高低位明显的地方要处理好，暗的地方要够暗，亮的地方要够亮。

Tips 用黑色在爪的背光处画出其轮廓线，增加镶嵌爪的立体感。

⑪ 用黑色（9#）加强明暗交界线、暗部的轮廓线以及转折线，突显整体立体感。

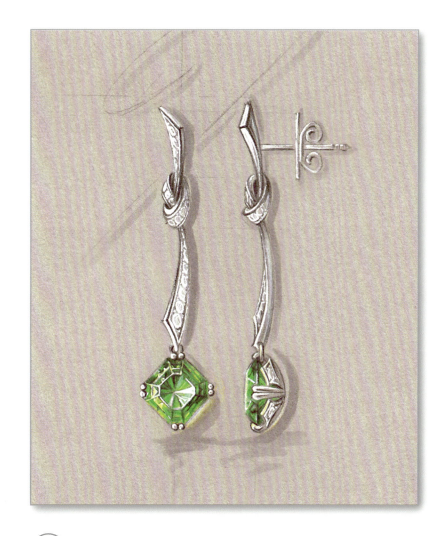

⑫ 用灰色补色笔（84#）加强阴影暗部，注意靠近物体部分实，渐渐虚化。

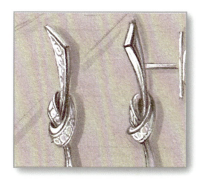

Tips 钻石暗部用灰色补色笔轻轻覆盖，表现出其明暗关系。

Tips 用灰色补色笔轻轻覆盖环境色，让它过渡自然。

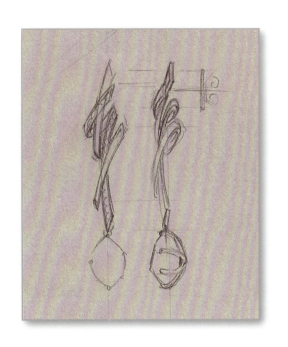
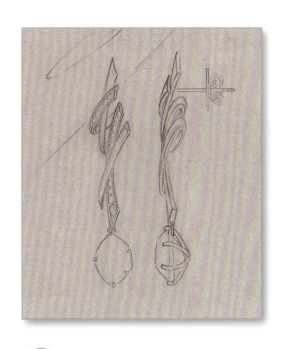

① 画垂直辅助线,在垂直线上确定耳环的高度,然后画出耳环的大致轮廓线(高×宽:60mm×14mm)。

② 刻画细节,注意线条的粗细变化。加重重叠线表现前后关系。根据耳环的正面画出侧面图。

③ 用橡皮泥轻粘减淡造型,再描画一遍线稿,令整体线条流畅。

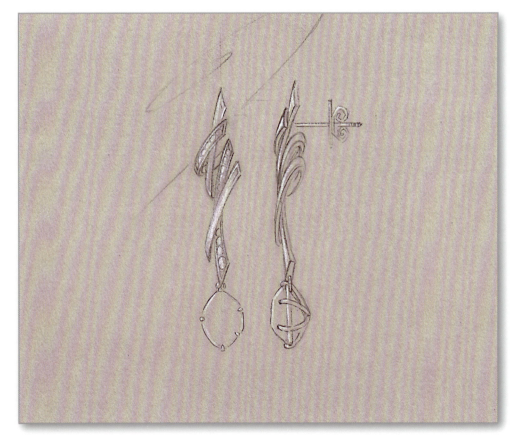

Tips 通透的宝石透光性强,用白色沿着红尖晶的边缘涂画。

④ 用白色(0#)表现出基本的明暗关系并涂画出钻石。

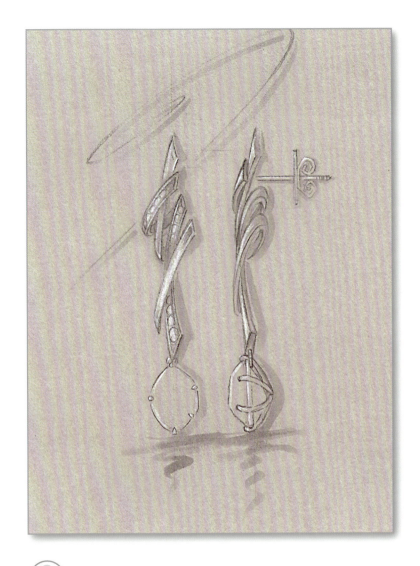

Tips 暗部用灰色补色笔多涂画几层，区分出明暗。

Tips 投影和物体之间留出一些空白间隙。

⑤ 用灰色补色笔（84#）涂画出耳环的暗部以及投影部分。

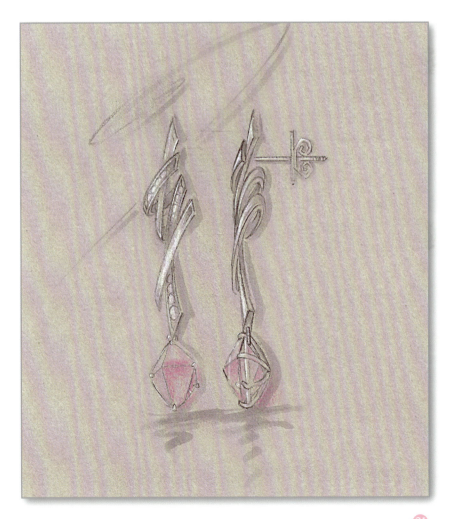

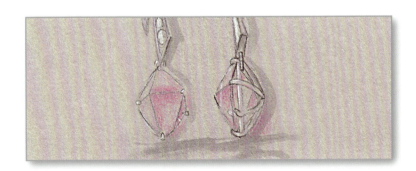

Tips 画出原石造型的的宝石，背光面的颜色深，涂画的笔触力度较大。

⑥ 选择浅洋红（21#）作为红尖晶亮部的色调，先涂画一层浅洋红，然后用浅洋红在红尖晶投影部分涂画它的环境色。

⑦ 用红色（2#）表现出红尖晶的深色部分，不要完全覆盖浅洋红部分，可起到过渡的作用。

⑧ 用品红（20#）过渡暗部和亮部。

Tips 光源偏暖色系，红色中略带一些橙色或者黄色。

⑨ 红尖晶用黑色（9#）笔尖刻画清晰暗部的刻面线，加强明暗对比，然后用紫红（260#）过渡。在红尖晶的亮部和反光刻面稍微涂画一些荧光黄（10#），最后用鸽灰（83#）过渡。

⑩ 用黄色（1#）涂画出金属的固有色，然后用橘色（4#）画出金属的暗部。

⑪ 由于光线从左上方射入，用高光笔画出钻石、金属的高光和反光。

Tips 加强暗部的轮廓线，可增强立体感。

Tips 重叠线加强，表现出前后的关系，线条要有轻重变化。

⑫ 用黑色（9#）加强明暗交界线、暗部的轮廓线以及转折线，突显整体立体感。用灰色补色笔（84#）加强耳环的投影并轻轻覆盖镶钻部分的暗部。

① 先粗略地勾画出耳环的草图（高×宽：60mm×14mm）。

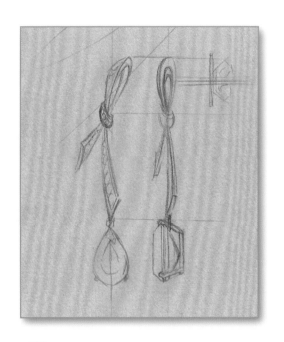

② 刻画细节，画出镶嵌的钻石以及耳环的侧面图。

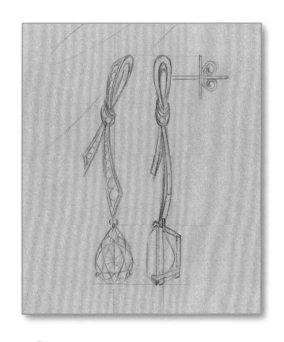

③ 修整造型，画出紫尖晶的刻面。

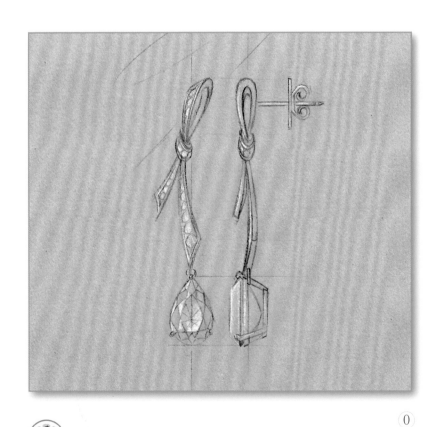

④ 用白色（0#）涂画出整个耳环的亮部。

⑤ 用灰色补色笔（84#）画出耳环的暗部以及投影。

Tips 紫尖晶高光的刻面以及反光的刻面留白。

Tips 在紫尖晶侧面涂画时,亮部的边缘线留白。

⑥ 浅洋红(21#)作为紫尖晶亮部的色调,先涂画一层,注意高光部分留白。

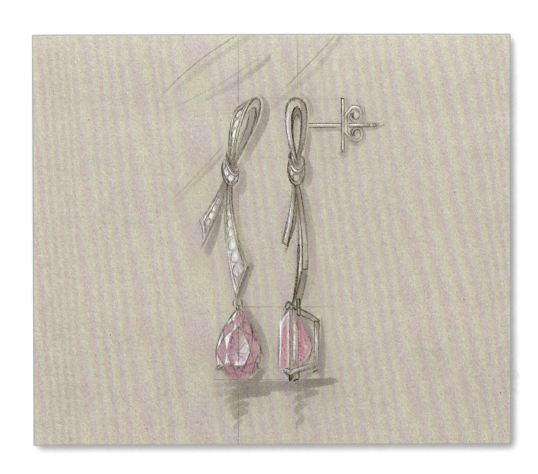

⑦ 用木槿紫(61#)在紫尖晶的暗部涂画,然后在投影部分画出其环境色。

⑧ 用薰衣草紫(62#)丰富紫尖晶暗部的色调,台面以射线的方式由外向内刻画,冠部则沿着刻面方向刻画。

 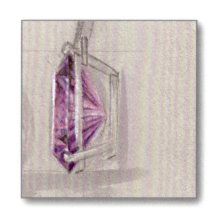

Tips 用黑色加强暗部的刻面线，可令宝石对比更强烈。

⑨ 用紫色（6#）继续刻画主石，过渡灰部和暗部，然后用黑色（9#）笔尖画出暗部的刻面线，加强明暗对比。

Tips 金属位较窄镶不了钻石的地方点一些钉。

Tips 钉比钻石的位置高，侧面点出钻石的钉。

⑩ 用高光笔画出紫尖晶的高光、反光以及亮部的刻面线，画出钻石以及金属。

Tips 加强暗部轮廓线，线条要有轻重变化。

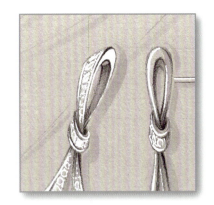

Tips 加强金属暗部，让其明暗对比更明显。

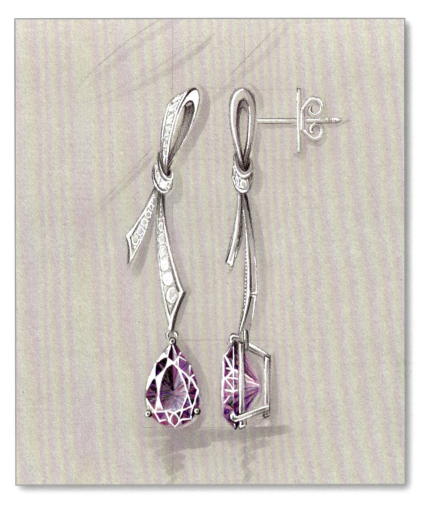

11 用黑色（9#）加强明暗交界线、暗部的轮廓线以及转折线，突显整体立体感。

12 用灰色补色笔（84#）加强阴影暗部，突显整个耳环立体感，注意靠近物体部分实，往旁边过渡推移渐渐虚化。

 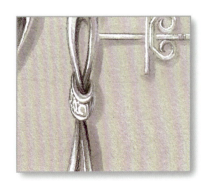

Tips 用灰色补色笔由打结处向外轻轻涂画，增强层次感。

浪 漫 华 尔 兹

　　欢快的旋律响起，你轻轻地握起我的手，四目炙热相对，含情脉脉。浪漫的五彩灯光下，在华尔兹舞曲里旋转，按捺不住跳动的心弦。伴着优美的旋律，在柔情里缠绵，与你共舞一曲，情系一生。

材质：18K白、钻石、蓝尖晶

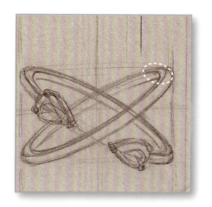
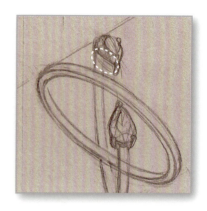

Tips 画出戒圈的厚度。　　Tips 画出戒托的厚度。

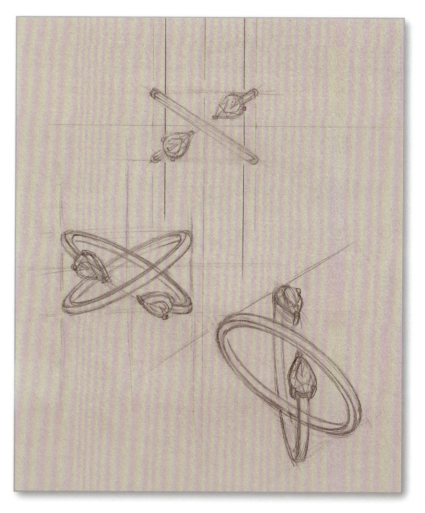

1. 画辅助线，粗略勾画出戒指正面的草图，注意两颗相对的水滴蓝宝石在一条直线上。根据正面图画出立体图。左上方的立体图画一个长方形做辅助，在这个长方形内画两个椭圆形，然后在椭圆形上画出水滴蓝宝石。右下方的立体图画两条30°的辅助线，最后画两个椭圆形（正面图高x宽：20mmx27mm、左上立体图高x宽：22mmx36mm、右下立体图高x宽：46mmx25mm）。

2. 丰富细节。注意透视的关系变化，近大远小、近实远虚的空间关系。

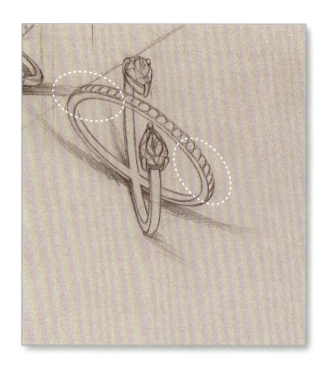

Tips 注意画钻石时，由正圆形逐渐过渡到椭圆形，这样可表现出立体的效果。

Tips 暗部的轮廓线加深。

③ 调整造型，刻画细节。画出镶嵌的钻石以及蓝尖晶的刻面。加深重叠线、转折线。用铅笔稍微表现出投影。

 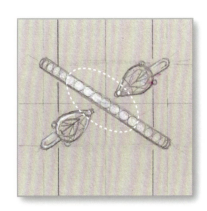

Tips 亮部的钻石白色多叠加几次，表现出明暗关系。

④ 用白色（0#）画出钻石以及戒指的亮部，注意在高光位笔触可用力一些，突显出高光效果。

Tips 用鸽灰涂画金属暗部，笔触方向由暗部向亮部过渡。

Tips 钻石暗部用鸽灰涂画它们的镶石位，突出钻石立体感。

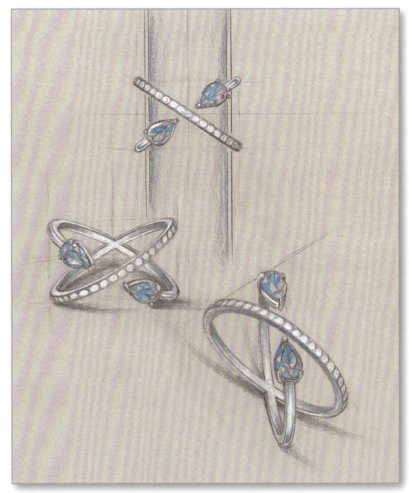

⑤ 暗部用鸽灰（83#）表现。蓝尖晶用浅蓝（30#）涂画出基本色调。

Tips 用浅蓝在蓝尖晶的周围涂画环境色，笔触力度尽量轻。

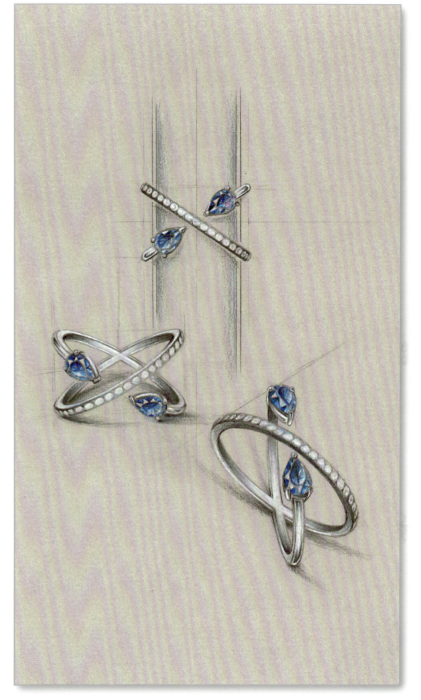

⑥ 用蓝色（3#）加深蓝尖晶的深色部分。用黑色（9#）加强戒指的暗部、明暗交界线、暗部的轮廓线、重叠线以及宝石的明暗交界线，然后用浅蓝（30#）在蓝尖晶周围涂画一些环境色。

⑦ 用高光笔画出钻石、戒指以及蓝尖晶的高光和反光部分，最后画出星光效果。

水 之 声

有一种声音使人听之动容，透着天籁之音的恬雅，演奏出一曲曲动人的生命之歌。轻声低落，润物于无声，使土地滋润、花朵娇艳、生命璀璨。它，是生命之源，是生命之本，孕育了万物，滋养了生命，哺育了世界。

材质：18K白、钻石、翡翠

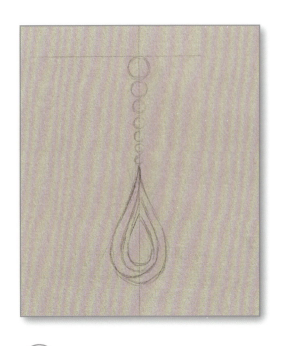
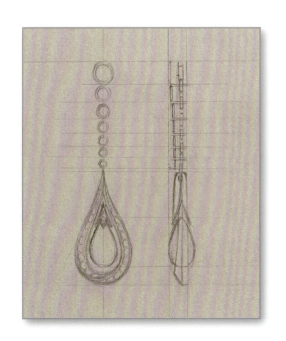
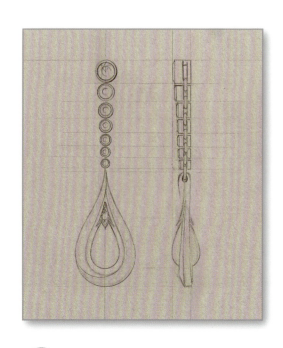

① 画垂直辅助线，在中心线上画出耳环正面的草图（高x宽：70mmx20mm）。

② 画出耳环正面图的细节，然后根据正面图向右作水平辅助线画出耳环的侧面图。

③ 用橡皮泥轻粘线稿，然后描画一遍，使整体造型线条更顺畅。

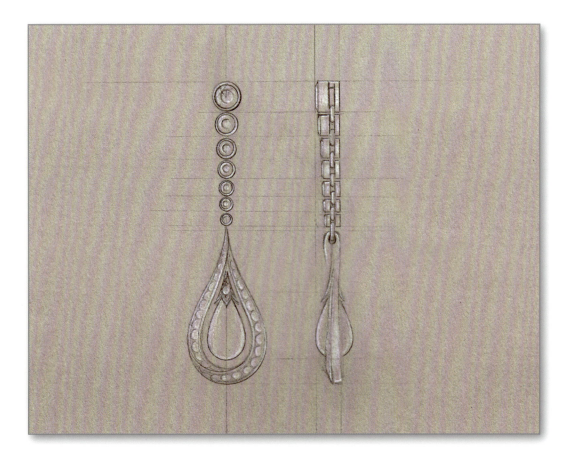
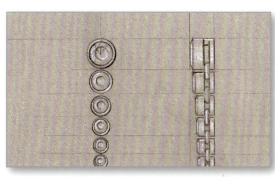

Tips 沿着钻石的受光部涂画宝石，越亮的地方白色越多。

④ 用白色（0#）表现出基本的明暗关系并涂画出钻石。

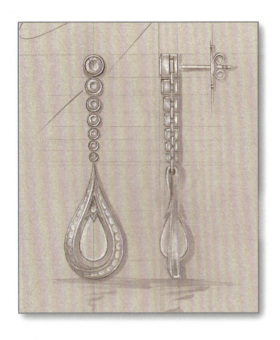
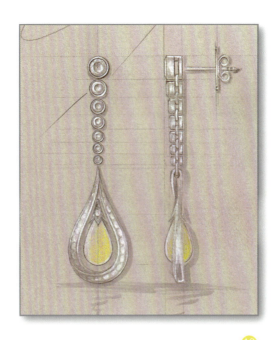
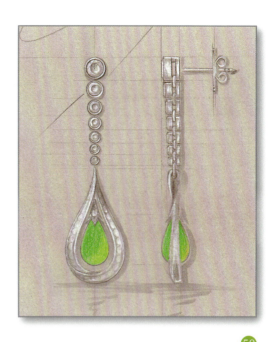

⑤ 用灰色补色笔（84#）画出耳环的暗部以及投影，突显耳环的立体感。

⑥ 用荧光黄（10#）涂画一层，作为翡翠的亮色调。

⑦ 用柳绿（50#）涂画出翡翠的基本色调，荧光黄不要全部覆盖。

Tips 不要完全覆盖黄色，留一些黄色作为翡翠的反光，可令翡翠的通透感更强。

⑧ 用正绿（5#）继续沿着翡翠的暗部叠加涂画绿色。由于翡翠是半透明型，要表现出通透的质感，翡翠的边缘可留出，不涂画。

⑨ 用高光笔在翡翠的亮部涂画出高光位。

Tips 翡翠的明暗交界线，一般在靠近高光位处涂画，以使其明暗对比强烈。

⑩ 用黑色（9#）加强翡翠的暗部，耳环暗部的轮廓线、重叠线以及转折线。稍微在金属暗部涂画一些光影，突显金属质感。用荧光黄（10#）画出翡翠投影的环境色，让整体更和谐融洽。

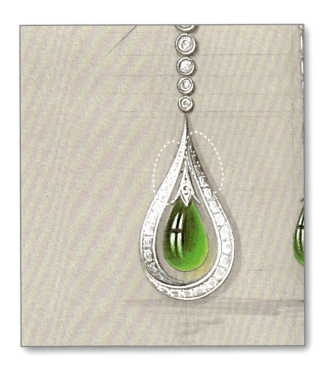

Tips 受光部的钻石比背光部的钻石亮,亮部的金属涂满整颗钻石,逐渐向暗部过渡,在暗部的钻石圈画出钻石受光部的轮廓线即可。

Tips 用灰色补色笔轻轻覆盖镶钻部分的暗部。

11 用高光笔提亮耳环、画出钻石并点出钉,用铅笔修整毛边,最后用灰色补色笔(84#)轻轻覆盖镶钻部分以及金属的暗部。

自 由

　　不再采用对称的结构，而是大胆地运用曲线，设计出4组线条变化的戒指。流畅张扬，又富有个性，突破规矩的束缚，尽显自由浪漫。就像那被困住在摩天大楼的野兽，挣脱枷锁，寻求渴望已久的自由，无拘无束。

材质：18K白、钻石、晶石

① 画3条斜线定出透视关系。两边线是戒指的宽度，中间的线是中心线，画出戒指的造型（高×宽：40mm×36mm）。

② 丰富细节。以不同轻重的线条来体现出戒指前后虚实关系的变化。

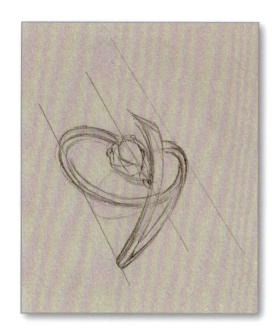

③ 画出镶嵌的钻石以及主石的刻面，加强重叠线、轮廓线以及转折线。

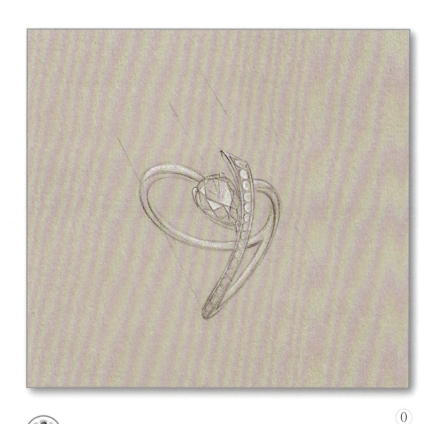

④ 修整造型之后，用白色（0#）画出所有受光面，然后画出主石的亮部。

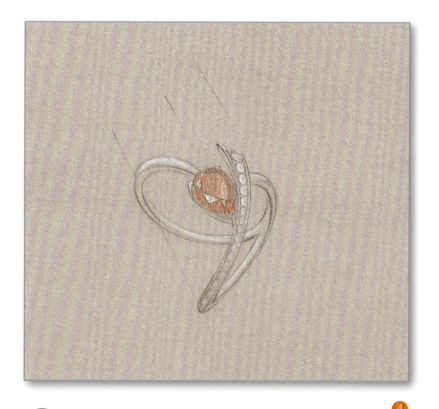

⑤ 用橘色（4#）涂画出红尖晶，作为其亮色调。

7 用紫红（260#）继续加强暗部，然后用黑色（9#）画出暗部的刻面以及刻面线。

6 先用洋红色（29#）加深暗部，再用红色（2#）过渡暗部和灰部。

8 用灰色补色笔（84#）涂画戒指以及镶钻部分的暗部。

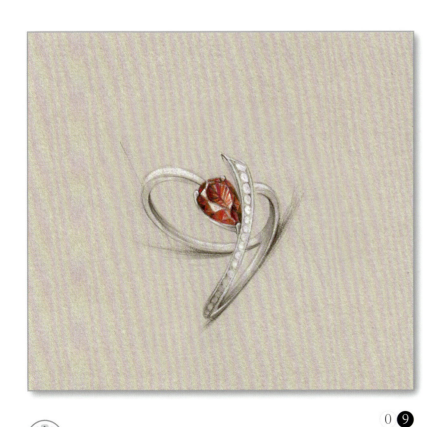

9 用白色（0#）加强亮部并涂画钻石。黑色（9#）画出主石的暗部，加强暗部的轮廓线、转折线、重叠线以及投影。

10 用高光笔画出钻石、主石以及戒指的高光、反光和星光效果，整体提亮。铅笔修整造型并画2条斜线。

① 画3条斜线定出透视关系。两边线是戒指的宽度，中间的线是中心线，画出戒指的造型（高x宽：40mm×38mm）。

② 丰富细节。以不同轻重的线条来体现出戒指前后虚实关系的变化。

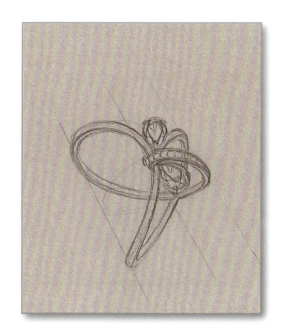

③ 画出镶嵌的钻石以及主石的刻面，加强重叠线、轮廓线以及转折线。

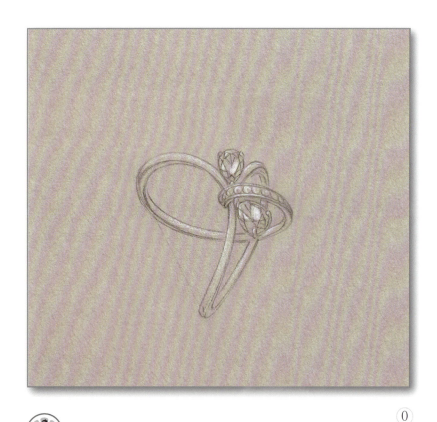

④ 修整造型之后，用白色（0#）画出所有受光面，然后画出主石的亮部。

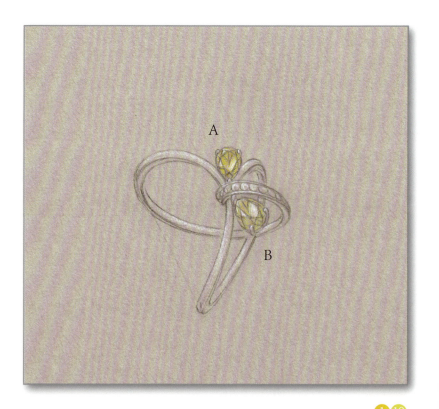

⑤ A石用黄色（1#）、B石用荧光黄（10#）涂画一层作为橙色尖晶的亮色调。

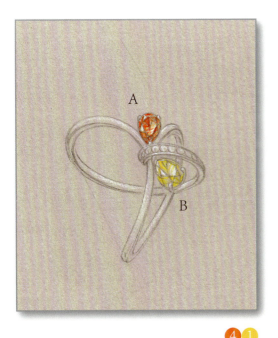

6 A石用橘色（4#）、B石用黄色（1#）分别画出它们的基本色调。

7 A石用绯红（24#）、B石用橘色（4#）加深暗部。用黑色（9#）画出投影以及在主石暗部稍微加一些黑色。

8 用灰色补色笔（84#）涂画戒指以及镶钻部分的暗部。

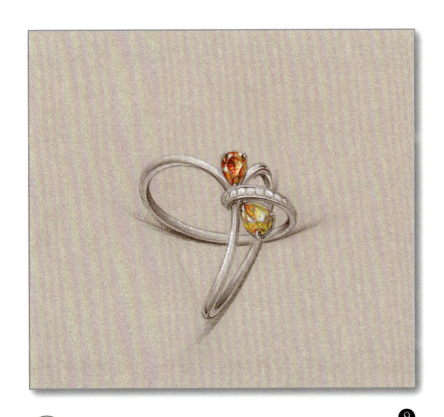

9 用黑色（9#）画出主石的暗部，加强暗部的轮廓线、转折线、重叠线及投影。

10 用高光笔画出钻石、主石以及戒指的高光、反光和星光效果，整体提亮。用铅笔修整造型并画2条斜线。

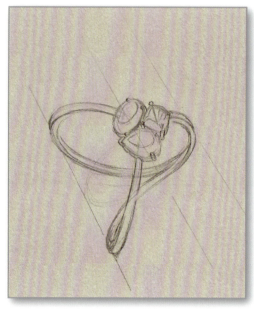

②丰富细节。以不同轻重的线条来体现出戒指前后虚实关系的变化。

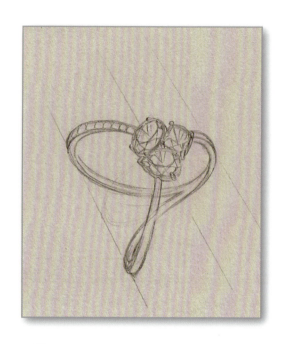

①画3条斜线定出透视关系。两边线是戒指的宽度,中间的线是中心线,画出戒指的造型(高×宽:40mm×41mm)。

③画出镶嵌的钻石以及主石的刻面,加强重叠线、轮廓线以及转折线。

④修整造型之后,用白色(0#)画出所有受光面,然后画出主石的亮部。

⑤A石用柠檬黄(12#)、B石用粉绿(550#)、C石用柳绿(50#)分别画出它们亮部的色调。

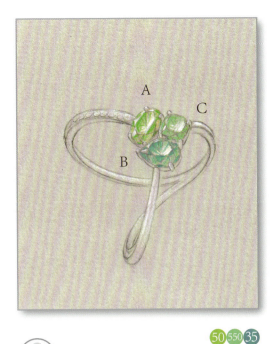

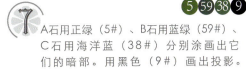

⑥ A石用柳绿（50#）、B石用粉绿（550#）、C石用松绿（35#）分别涂画出它们的基本色调。

⑦ A石用正绿（5#）、B石用蓝绿（59#）、C石用海洋蓝（38#）分别涂画出它们的暗部。用黑色（9#）画出投影。

⑧ 用灰色补色笔（84#）涂画戒指以及镶钻部分的暗部。

⑨ 用黑色（9#）加强调整暗部的轮廓线、转折线、重叠线以及明暗交界线。

⑩ 用高光笔画出钻石、主石以及戒指的高光、反光和星光效果，整体提亮。用铅笔修整造型并画2条斜线。

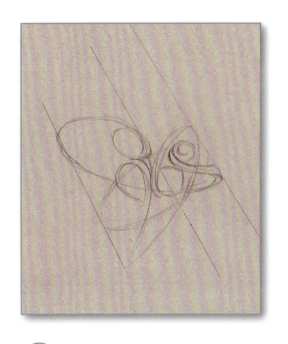
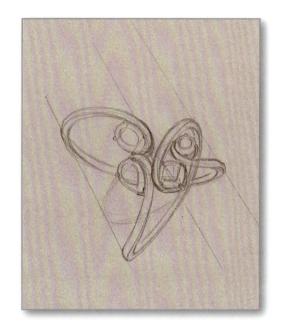
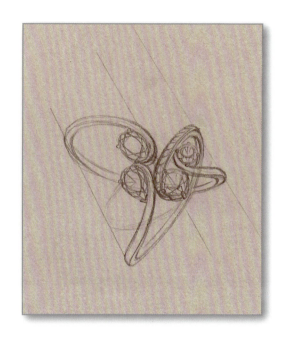

① 画3条斜线定出透视关系。两边线是戒指的宽度，中间的线是中心线，画出戒指的造型（高x宽：40mmx45mm）。

② 丰富细节。以不同轻重的线条来体现出戒指前后虚实关系的变化。

③ 画出镶嵌的钻石以及主石的刻面，加强重叠线、轮廓线以及转折线。

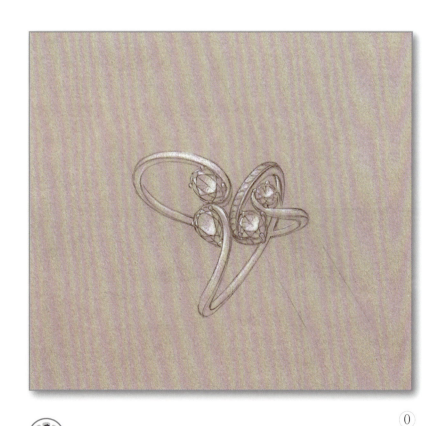

④ 修整造型之后，用白色（0#）画出所有受光面，然后画出主石的亮部。

⑤ A石用粉蓝（302#）、B石用浅蓝（30#）、C石用蓝色（3#）、D石用薰衣草紫（62#）分别画出它们的基本色调。

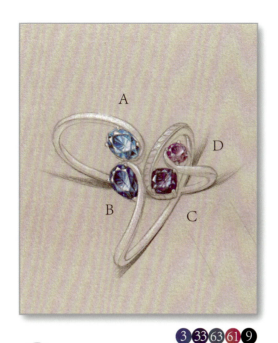

⑥ A石用浅蓝（30#）、B石用蓝色（3#）、C石用紫色（6#）、D石用木槿紫（61#）分别叠加涂画出宝石的深色部分。

⑦ A石用蓝色（3#）、B石用钴蓝（33#）、C石用彩陶蓝（63#）、D石用木槿紫（61#）分别画出暗部，然后用黑色（9#）加强宝石暗部与投影。

⑧ 用灰色补色笔（84#）涂画戒指以及镶钻部分的暗部。

⑨ 用黑色（9#）画出主石的暗部，加强暗部的轮廓线、转折线、重叠线以及投影。

⑩ 用高光笔画出钻石、主石以及戒指的高光、反光和星光效果，并整体提亮。用铅笔修整造型并画2条斜线。

四 季 篇

春天，万物复苏，处处散发着勃勃生机。栖息在桃花枝上的鸟儿，让人听见了鸟语，闻见了花香，谱写着生命的真谛。

材质：18K黄、绿松石、墨玉、钻石、红宝石、蓝宝石、祖母绿

② 刻画细节,画出宝石以及镶嵌的方式。

① 画辅助线,确定宽度和高度,粗略地勾绘出草图(高×宽:64mm×49mm)。

③ 修整造型,用橡皮泥轻粘整个造型之后再细化一遍草图。

④ 用白色(0#)涂画出宝石以及金属的亮部和反光,表现出整个胸针的光影变化。绿松石整个涂一层白色。

⑤ 绿松石用粉蓝(302#)由暗部向亮部方向涂画。祖母绿用柳绿(50#)、蓝宝石用浅蓝(30#)分别在各自的暗部涂画出基本色调。

⑥ 用青蓝色（37#）叠加欧珀暗部，用柳绿（50#）沿着绿松石边缘涂画丰富色调。用祖母绿用正绿（5#）、蓝宝石用蓝色（3#）分别加强其暗部。

⑦ 绿松石用相近色彩的陶蓝（63#）和浅蓝（30#）丰富蓝色色调。金属用荧光黄（10#）、红宝石用粉红色补色笔（200#）涂出基本色。

⑧ 金属用浅橘（42#）、红宝石用桃红色补色笔（202#）表现出它们的暗部。祖母绿用粉绿（550#）过渡暗部和亮部。

Tips 注意加强明暗交界的地方。

Tips 加强祖母绿的刻面线,把握好轻重感。

⑨ 用鸽灰(83#)在右下方画出阴影的大概位置。用灰色补色笔(84#)画出镶钻部分的暗部。祖母绿用青绿(52#)加强刻面转折线。

Tips 绿松石的铁线杂乱,暗部的铁线较明显,亮部的铁线较虚。

Tips 轮廓线加强突显体积感。

⑩ 绿松石用蓝绿(59#)画出它的铁线。用黑色(9#)画出黑色部分的金属,加强暗部的轮廓线、重叠线及转折线。

⑪ 用高光笔画出亮部、反光，勾画出金属边以及钻石，并点出宝石的钉。

⑫ 用高光笔画出钻石，然后用白色（0#）过渡高光笔，让整体自然。用铅笔修整毛边。投影用鸽灰（83#）加强虚实关系。

Tips 钻石的暗部用鸽灰或者灰色补色笔轻轻覆盖，表现出镶钻部分的明暗关系。

Tips 祖母绿投射到周边以及红宝石投射到金属上的环境色。

⑬ 钻石的暗部用鸽灰（83#）轻轻覆盖，然后用荧黄（10#）、粉蓝（302#）、柳绿（50#）、浅洋红（21#）分别涂画出环境色。

夏天，蝉鸣夏蛙唱荷风，处处洋溢着夏天的热情和奔放。芦苇荡里穿梭的幽鸟，着锦衣，穿丛林，跃草地，鸣山涧，一动一静，一鸟一花，自然而和谐。

材质：18K玫瑰金，欧珀、红宝石、蓝宝石、黄蓝宝、月光石、墨玉

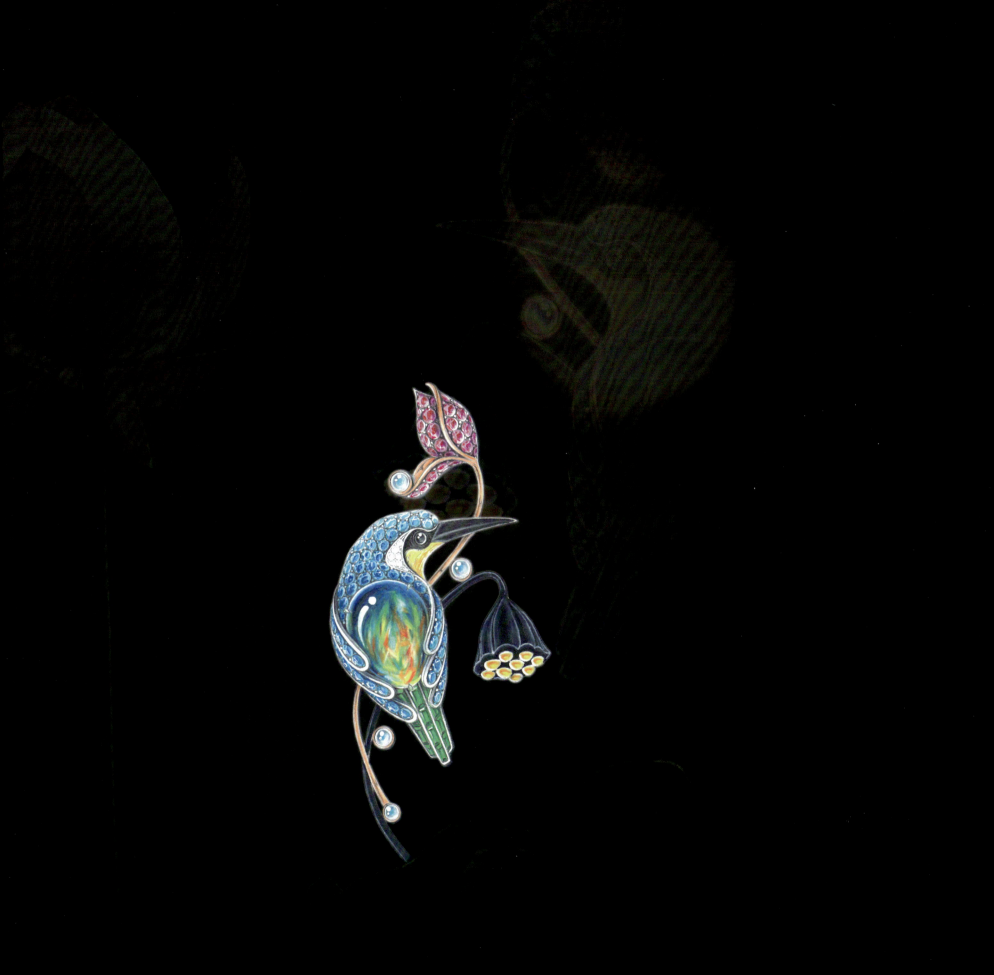

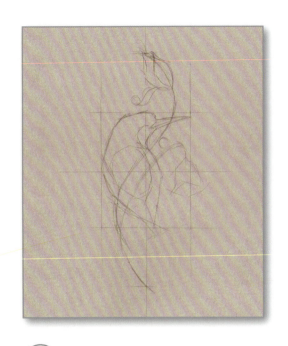

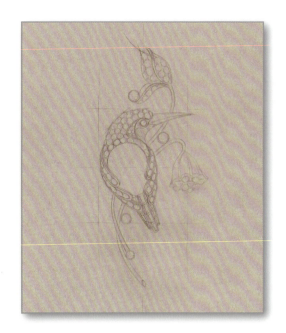

① 画辅助线，粗略地勾画出草图（高×宽：64mm×31mm）。

② 刻画出细节，画出镶嵌的宝石以及镶嵌的方式。

③ 修整造型。用橡皮泥轻粘减淡铅笔稿，然后再描画一遍线稿。

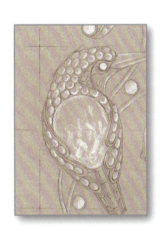
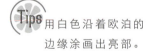

Tips 用白色沿着欧泊的边缘涂画出亮部。

Tips 沿着金属的亮部以及反光处涂画白色。

④ 用白色（0#）表现出明暗的关系，宝石则在亮部铺一层白色，以便后期的颜色更鲜艳。

Tips 涂画浅蓝色时，欧泊的边缘留白，表现出宝石的反光。

Tips 蓝宝石的反光位留白，笔触方向由宝石亮部到暗部涂画。

5 欧泊的颜色丰富，蓝色的欧泊以蓝色为主。用浅蓝色（30#）涂画出蓝宝石以及欧泊的蓝色部分。

6 用荧光黄（10#）涂画欧泊黄色以及黄金部分，然后用砂黄（11#）画出金属暗部以及丰富欧泊色调。用柳绿（50#）涂画出欧泊以及祖母绿的基本色调。

7 用蓝色（3#）涂画欧泊以及蓝宝石的深色部分。用黄色的相近色橘色（4#）丰富欧泊色调。用正绿（5#）加强祖母绿和欧泊的深色部分。

橙子·珠宝设计画册 I

092

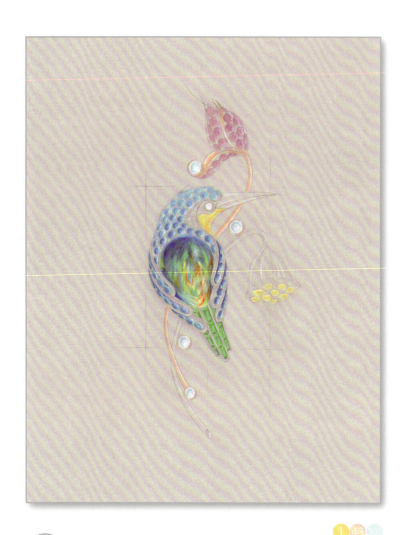

Tips 用粉陶涂画的时候，玫瑰金的反光留白。

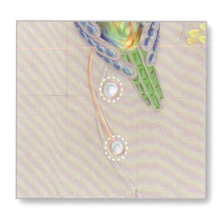

Tips 月光石用粉蓝涂画出明暗交界线，表现出月光石淡淡的蓝。

⑧ 红宝石用粉红色补色笔（200#）、黄蓝宝用黄色（1#）、玫瑰金用粉陶（43#）分别涂画出各自的基本色调。月光石用粉蓝（302#）加强明暗交界线。

Tips 镶石位涂画一些黑色，涂出宝石的体积感。

Tips 鸟嘴边缘线留白，表现出强烈的金属反光。

⑨ 红宝石用桃红色补色笔（202#）、黄蓝宝以及黄金部分用砂黄（11#）、月光石用蓝色（3#）、玫瑰金用浅棕（49#）加强暗部。用灰色补色笔（84#）涂出金属以及钻石暗部。用黑色（9#）涂画出黑金以及加强整个胸针暗部。

⑩ 用高光笔提亮,画出钻石、金属边以及整个胸针的高光和反光。

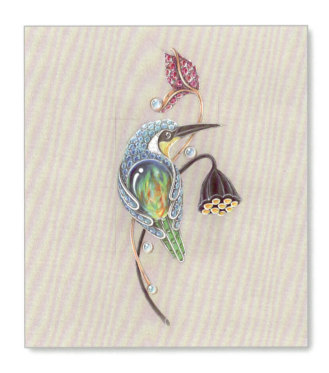

⑪ 整体微调整色调。用相近色在高光笔涂画的地方过渡,使整体颜色过渡自然。

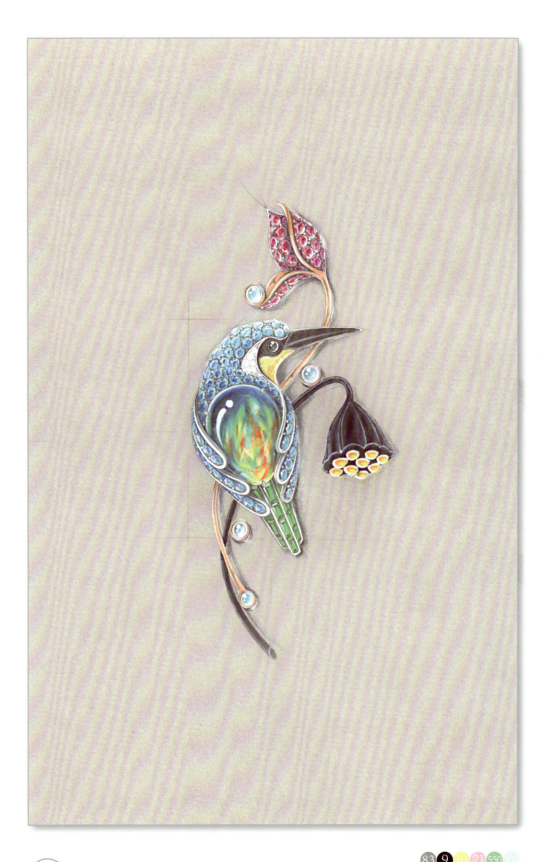

⑫ 用铅笔修整毛边。用鸽灰(83#)画出投影,然后用黑色(9#)加强虚实关系。用荧光黄(10#)、浅洋红(21#)、粉绿(550#)、粉蓝(302#)涂画出环境色。

秋

秋天，缓缓而落的枫叶留下嫣红的倩影，远处传来悦耳的仙乐，仿若萦绕身边，云淡风清地吟唱着，秋叶红艳艳，秋鸟停枝上，于繁华纷纭中，淡然无声胜有声，透着一种宁静，生动而迷人。

材质：18K黄、钻石、红宝石、黄蓝宝、橙蓝宝

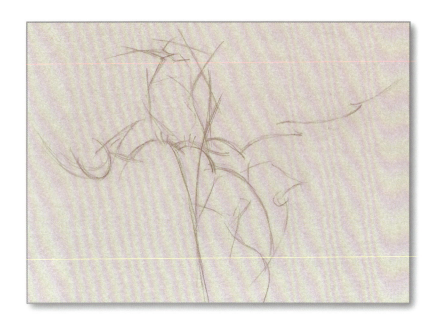

① 在进行设计之前先观察分析所找素材的结构关系，然后用直线粗略地勾勒出草图（高×宽：63mm×92mm）。

② 修整造型，刻画细节，最后画出镶嵌的宝石。

Tips 异形珍珠的表面凹凸不平，要表现出其凹凸感，先从暗部着手。用鸽灰画出凹凸面明暗交界的地方。

③ 用鸽灰（83#）画出异形珍珠凹凸面明暗交界的地方，然后用粉陶（43#）铺出异形珍珠的体色，最后用白色（0#）涂出其亮部和反光。

Tips 珍珠除了体色外，还常伴有五彩缤纷的色彩。先用粉陶沿着鸽灰涂画出珍珠的基本色调。

Tips 加强暗部边缘线，突出珍珠的立体感。

④ 用绯红（24#）加强异形珍珠的暗部，用浅洋红（21#）和黄色（1#）丰富色调，然后用鸽灰（83#）轻轻描画暗部，最后用焦黄色（73#）加深暗部以及暗部的边缘线。

Tips 用白色表现出树枝的明暗关系。

Tips 亮部的黄钻较亮，用黄色在亮部涂画多一些。

⑤ 用白色（0#）提亮异形珍珠的亮部和反光，然后将钻石和树枝铺一层白色。用黄色（1#）在黄金以及黄钻部分涂画出它们的基本色调。

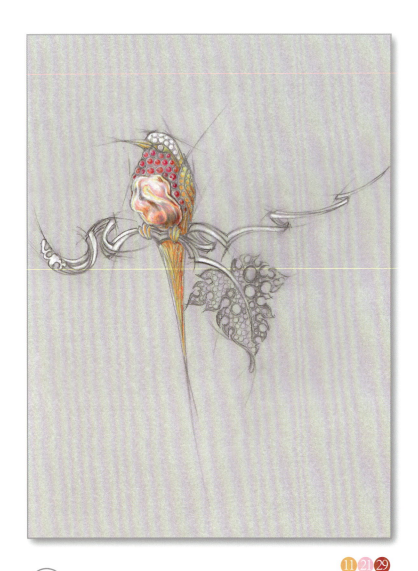

Tips 用砂黄加强黄钻部分的明暗对比。

Tips 宝石的边缘留白。

⑥ 用砂黄（11#）叠加金属以及黄钻暗部。用浅洋红（21#）在红宝石暗部涂画，然后用洋红色（29#）过渡。

Tips 树枝的高光和反光留白。

⑦ 用黑色（9#）涂画出树枝电黑部分。

⑧ 用黑色（9#）加强石位电黑部分以及暗部的轮廓线，宝石暗部可稍微用笔尖以打圈的方式轻轻描涂，涂出宝石体积感。

⑨ 用荧光黄（10#）、砂黄（11#）和橘色（4#）在枫叶部分做颜色渐变的涂画。用鸽灰（83#）涂画出钻石的暗部。

Tips 用高光笔沿着金属亮部加强金属的光泽。

Tips 用高光笔涂画宝石亮部，提亮宝石。

⑩ 用灰色补色笔（84#）画出阴影，实的部分可用补色笔再加强一下，使胸针呈现出空间感，注意阴影的外形与物体本身相对应。最后用高光笔加强胸针的亮部以及反光，画出星光，令胸针更加珠光宝气。

橙子·珠宝设计画册 I

冬

冬天，大雪漫天飞舞，银装素裹，雪精灵在空中飘然而落，在结出红果儿的枝头觅食琢果，给你在这寒冬中带来惊喜也带来春的希望。

材质：18K白、钻石、红碧玺

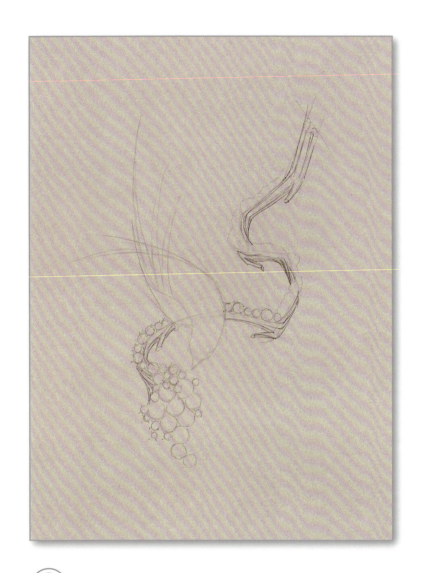

① 先画出鸟的结构和特征，再画出树枝以及树枝上镶嵌的钻石（高×宽：92mm×68mm）。

Tips 顺着树枝画出镶嵌的钻石，钻石有大小变化可让整个树枝更生动。

② 根据草图修整造型，丰富细节。树枝稍微画出一下树纹效果，画出镶嵌的钻石。鸟身是一个弧形状，画钻石的时候要注意，由中间的圆形渐变成椭圆形，最后画出钻石的镶嵌方式。

Tips 笔触由暗部向亮部涂画。

Tips 画出羽毛投射到鸟身体的投影。

③ 整体先用灰色补色笔（84#）铺出基本明暗关系，注意鸟身体凸起部分为亮部。

④ 用黑色（9#）沿着树枝转折处和暗部涂画，再用白色（0#）画出钻石以及树枝的亮部和反光。

Tips 用白色涂画出金属的亮部。

Tips 鸟身中间亮，两边较暗。

橙子 · 珠宝设计画册 I

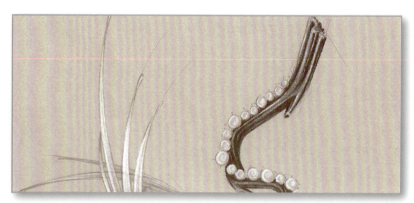

Tips 树枝部分把握其暗、灰、亮的明暗关系。

⑤ 用白色（0#）加强整个胸针亮部和钻石亮部，并用浅灰（800#）过渡。用黑色（9#）继续加强树枝暗部，让其质感渐渐突显。

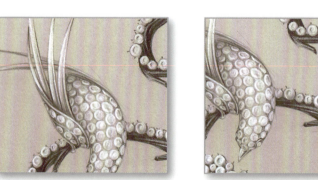 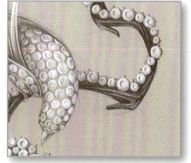

Tips 圈画出暗部钻石的轮廓线。　　Tips 画出镶嵌钻石的爪。

⑥ 用黑色（9#）画出镶嵌钻石的暗部以及整个胸针暗部的轮廓线。

Tips 用洋红色涂画碧玺的暗部，边缘留白。

Tips 碧玺颜色有深浅变化，颜色深的那颗碧玺多涂画一些洋红色。

Tips 表现出碧玺暗、灰、亮的明暗关系。

7 用浅蓝（30#）涂画眼睛的蓝宝石，用洋红色（29#）涂出碧玺的基本色调，然后用白色（0#）加强高光和反光，最后用黑色（9#）沿着鸟的右侧轻轻表现出投影。

Tips 投影与物体之间留出一些空隙。

Tips 暗部用黑色区分出宝石的轮廓线。

Tips 只需轻轻涂画一些环境色即可。过多反而适得其反。

②㉑㉒④

⑧ 碧玺用红色（2#）继续叠涂暗部，叠涂时可稍微用力，让彩铅的颗粒感融合，表现出宝石表面的圆润感，然后用相近色木槿紫（61#）和薰衣草紫（62#）继续叠加暗部，使碧玺的颜色更加丰富。假设光源偏暖色，在亮部就带些暖色调黄色，因此稍微加一些橘色（4#）提亮碧玺。

⑨㉑㉒

⑨ 用黑色（9#）笔尖在碧玺暗部画出轮廓线。木槿紫（61#）和薰衣草紫（62#）在碧玺的投影处涂画出环境色。

Tips 镶嵌钻石的暗部部分稍微用鸽灰强调轮廓线。

Tips 沿着宝石边缘画出高光和反光，令碧玺的通透感更强。

⑩ 用高光笔加强亮部和反光，鸟身体凸面部分的钻石最亮，然后用鸽灰（83#）加强投影的虚实，最后用高光笔画出星光，令整件胸针看起来瑰丽闪亮。

83

婚 戒 篇

婚戒是宣布结婚盟约的信物，每当提到婚戒，总会让人联想到爱情、婚姻，给人以无限美好的想象。相传奥地利公爵马克西米为打动喜欢的女子法国玛丽公主，精心打造了一枚镶钻的指环，并俘获了她的芳心，从此他们幸福地生活在了一起。婚戒，不仅是一生相伴、一世相随的承诺，更是承载着永恒幸福的象征。本篇章以婚戒为主题，将传统的文化与现代的创意融为一体，为相爱之人献上完美的承诺。

转 角 遇 到 爱

    人生十字路口，一个回眸，遇见命中注定的那个你。经过时间的洗礼，决定从此和你牵手人生。女戒主钻石采用花型戒托设计，让金黄的金属如花般绽放，更衬托突显主钻石的闪耀动人。男戒"S"形交叉线条的设计，宛若人生路口相遇携手的恋人，你中有我，我中有你，将所有的承诺都凝于指尖，戒臂侧面镶嵌碎钻石，更显其沉稳与成熟。

材质：18K黄、钻石

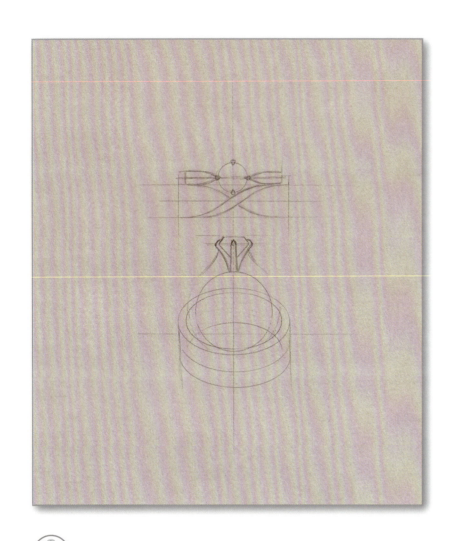

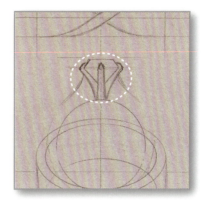

Tips 注意镶嵌钻石爪呈一个"V"形。

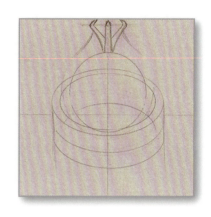

Tips 先用圆形模板和椭圆形模板画出戒圈。

① 画垂直辅助线，用铅笔粗略地画出戒指的轮廓造型，起形时笔触力度要轻，方便后期擦除修改（正面图高×宽：22mm×46mm，侧面图高×宽：62mm×46mm）。

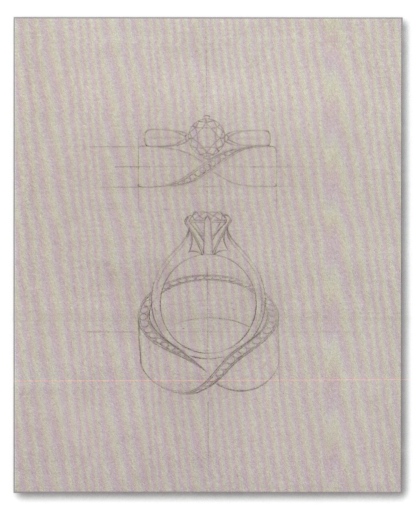

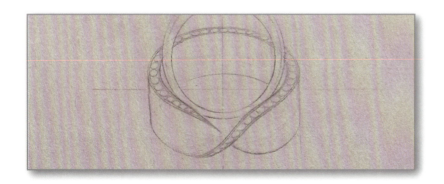

Tips 注意钻石前面由圆形向后圈画逐渐渐变成椭圆形。

② 在草图基础上逐渐修整并刻画出戒指的细节（镶石的厚度、戒指的厚度以及宝石的刻面）。最后加深重叠线、转折线。

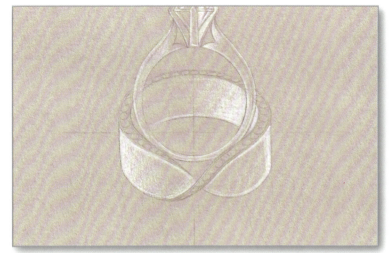

Tips 白色沿着戒指的边缘涂画,在亮部可多叠加涂画出它基本的明暗关系。

③ 用白色(0#)涂画出钻石亮部以及戒指的高光和反光,光源强烈的地方可多叠涂几遍。

④ 用荧光黄(10#)涂画出黄金的基本色调,暗部可多叠涂几遍,区分出明暗。

⑤ 用砂黄(11#)涂画出金属的暗部。

⑥ 用深土黄(19#)加强金属暗部。

Tips 涂画出钻石台面暗部以及暗部的刻面。

Tips 涂画出钻石侧面暗部的刻面。

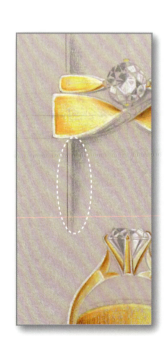

Tips 沿着戒指的边缘画出投影。

7 用鸽灰（83#）涂画出钻石、整个戒指的暗部以及投影，增强立体感。

Tips 稍微强调镶钻部分的暗部。

⑧ 用黑色（9#）涂画出钻石的暗部、加强戒指阴影的虚实以及重叠线、转折线、明暗交界线，突显立体感。

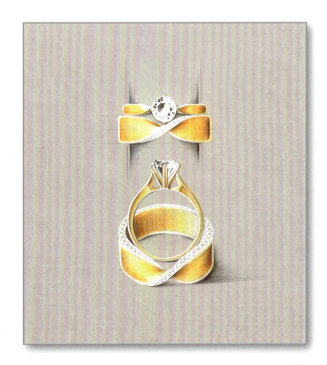

⑨ 用砂黄（11#）涂画出投影处的环境色。用高光笔画出主钻石的刻面线、高光、反光以及圈画出副石的轮廓线。

⑩ 用高光笔涂画副石，受光处多，背光处渐少。用铅笔修顺线条、画出主钻石的镶嵌爪并稍微表现出副石的虚实关系。用灰色补色笔（84#）轻轻覆盖镶钻石位置的暗部，增强立体感。

两 心 相 拥

　　有一双手，握住就不轻易放开；有一句誓言，就算两鬓斑白，步履蹒跚也要携手共度；有一个拥抱，那温暖的臂膀，让你再也舍不得放开。男戒举手投足间的质感，细腻沉稳；女戒的柔美，钻石耀眼的火彩，高贵素雅。男女戒臂旖旎交错的曲线，宛若静静相拥的一对爱人，在相互交融中，体会着彼此心与心的相融，相映成辉，天生一对。

材质：18K黄、18K白、钻石

Tips 起完形之后可稍微用铅笔轻轻涂画暗部，区分出明暗关系。

1 画辅助线，用铅笔粗略地勾画出戒指的造型。注意起形时笔触力度要轻，方便后期擦除修改（正面图总高×宽：55mm×76mm、侧面图总高×宽：44mm×58mm）。

2 在草图基础上逐渐修整并刻画出戒指的细节（镶石位金边的厚度、戒指的厚度以及宝石的刻面）。

3 用白色（0#）沿着戒指的边缘涂画一层以表现戒身的高光和反光。

Tips 涂画钻石台面的暗部以及暗部的刻面线，表现出钻石的明暗关系。

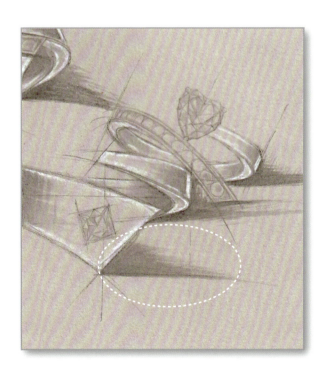

Tips 暗部的阴影重，逐渐向外虚化过渡。

④ 用灰色补色笔（84#）表现出戒指的暗部、灰部以及阴影，暗部可多涂画一层，并逐渐向灰部过渡。

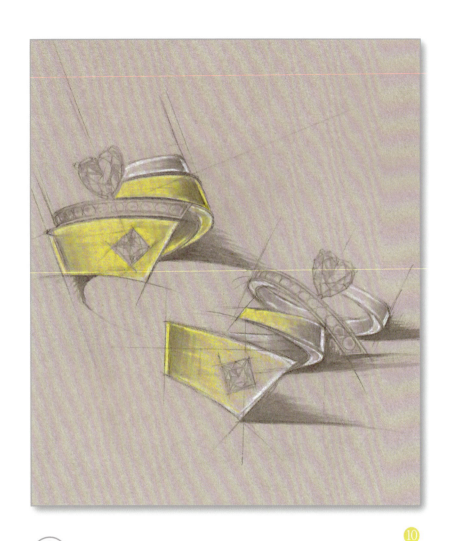

⑤ 男戒以18K黄为金属材质,用荧光黄(10#)表现出它的基本色调。

Tips 男戒主钻石四周荧光黄多涂几遍,突显钻石。

Tips 用黑色加强暗部以及投影,让其虚实关系更加明显。

Tips 画出钻石暗部的刻面,台面以由外向内的笔触涂画。

⑥ 用黑色(9#)画出宝石以及戒臂的暗部。

Tips 戒指边缘不要加深，可使金属的反光强烈。

0 73 16

⑦ 男戒先用白色（0#）提亮受光部以及反光，然后用焦黄色（73#）叠加其暗部以及明暗交界线，为使暗部与亮部的颜色过渡自然，稍微在暗部与亮部过渡区域叠加一些土黄（16#）。

0

⑧ 女戒以18K白为主，因此用白色（0#）表现出它的金属材质并涂画出钻石。

⑨ 用高光笔涂画出钻石、金属的高光和反光。

⑩ 用铅笔修整毛边以及线条，最后用高光笔画出星光效果。

臻 爱 印 记

灵感源于新娘手捧花。紧握着这份甜蜜,步入礼堂,它承载着新人美满的爱情和幸福的未来,更是婚姻的守护使者。将象征承诺的婚戒设计成捧花形状,让爱与希冀在那一片片花瓣间飞扬。戒指侧面巧妙地搭配复古的蕾丝纹样设计,更增添一丝神秘和雅致。在交换的那一刻,不仅是彼此间最重要的见证,更是给予了携手一生的力量。

材质:18K白、钻石

① 画出戒指的三视图，正面图（高×宽：16.5mm×35.5mm）、侧面图（高×宽：46mm×35.5mm）、右面图（高×宽：46mm×16.5mm）。

② 用灰色补色笔（84#）涂画出戒指的灰部和暗部以及镶嵌的钻石。

③ 用黑色（9#）加强戒指的暗部、重叠线、转折线以及戒指的阴影，涂画的时候注意虚实表现。

⑤ 用高光笔画出钻石的刻面线、高光以及反光。

④ 用白色（0#）涂画出戒指的亮部以及反光。

⑥ 用高光笔画出镶嵌主钻石的爪、副石、金属的亮部（即受光部）以及反光。

⑦ 由于高光笔在涂画时与灰部过渡不够自然，用白色（0#）过渡，然后用铅笔修整毛边，可令线条更加顺畅。

⑧ 用高光笔画出星光效果，画星光时由星光中心点向外涂画。在阴影处用铅笔轻轻过渡，表现出虚实。

遇 见 幸 福

　　一次遇见，一辈子。生活中的点点滴滴汇聚成两颗炽热的心，嵌入了你我的心坎。而你是我生命里的光，闪耀又温暖。戴上你给我的忠诚幸福，抬手可见。愿牵着你的手，将日子融化在这份永恒的见证里，见证眸子里泛出来的快乐，眼泪滴出来的幸福。

材质：18K白、钻石、红宝石

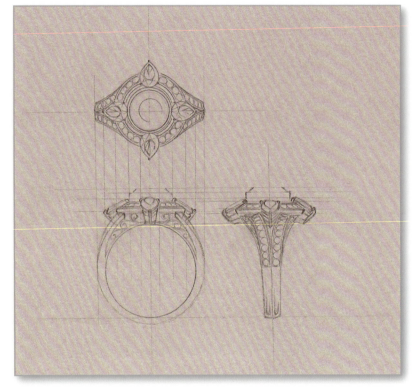

1. 画辅助线，画出戒指正视图。正视图向下延伸作辅助线，用模板画出戒圈，然后在戒圈上方画出戒指侧视图。侧视图向右延伸作水平线，画出戒指右侧视图（俯视图高×宽：27mm×30mm、主视图高×宽：36mm×30mm、右侧视图高×宽：36mm×27mm）。

2. 用橡皮泥轻粘减淡草图，再重新描画一遍线稿图，然后画出副石。加强重叠线并用铅笔轻轻描绘一些明暗关系，增强立体感。

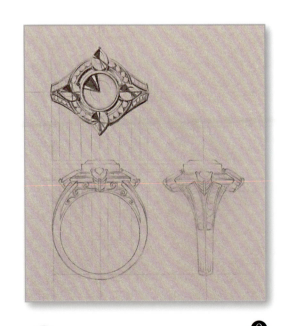

3. 正视图用黑色（9#）先涂画出暗部，一般右下方处于暗部。

4. 继续用黑色（9#）涂画出侧视图和右侧视图的暗部。

5. 用灰色补色笔（84#）过渡暗部和灰部。然后用浅洋红（21#）涂满整颗红宝石。

Tips 用白色过渡灰部和亮部。

Tips 用白色涂画亮部的钻石。

6 红宝石用品红（20#）以射线的方式由外向内涂画，然后用白色（0#）加强戒指受光面。

Tips 用品红画出红宝石的暗部。

Tips 用白色过渡水滴钻石的灰部和亮部。

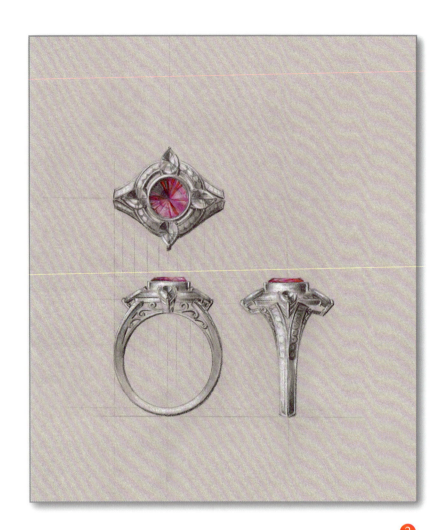

Tips 用高光笔画出红宝石的刻面线，并表现出亮部的刻面。

Tips 用高光笔画出水滴钻石刻面线，并表现出亮部的刻面。

❼ 红宝石先用红色（2#）加深暗部，再用红色补色笔（2#）以射线的方式由外向内涂画，注意一定要掌握好补色笔的力度，尽量做到一气呵成。

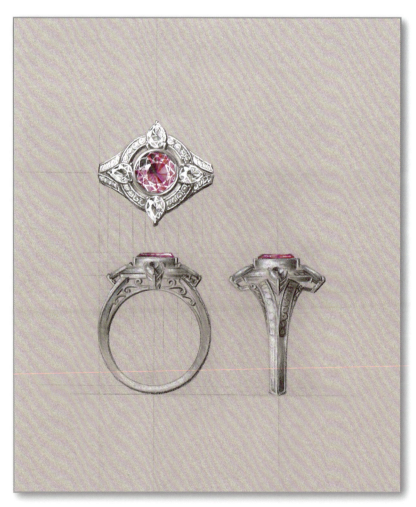

Tips 用红色补色笔叠加在深红色部分涂画。

Tips 由红宝石边缘两边向中间过渡涂画。

❽ 用高光笔画出钻石，亮部的钻石整颗涂满，渐渐向暗部过渡，然后画出梨形钻石以及红宝石的刻面，最后在金属部分稍微画一些白色。

⑨ 用高光笔画出钻石、金属的高光和反光。

⑩ 由于高光笔在涂画的时候会有一些毛边，因此需要用铅笔修整毛边，使线条更流畅。

Tips 受红宝石颜色影响，红宝石周边涂画一些环境色。

Tips 重叠的地方用鸽灰涂画，区分出前后关系。

⑪ 用鸽灰（83#）轻轻过渡暗部与白色部分，令其暗部与亮部过渡自然。用品红（20#）涂画出红宝石周边的环境色，用高光笔画出星光效果。

守 护

戒指由两条相交的线条，划出优美的弧线，搭配红宝石诱人的光彩，散发出高贵浪漫的气息，简洁大方。钻石璀璨的光芒，搭配金属的刚冷、红宝石的诱惑，白色与红色光芒的交叠融合，犹如那炽热跳动的心，传达出浓浓的爱意，爱即守护，时光将陪伴化成最美的承诺。

材质：18K白、钻石、红宝石

② 用高光笔提亮，画出钻石、金属边以及整个胸针的高光和反光。

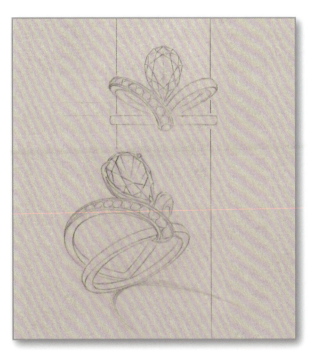

① 先画出戒指的正面图，再画出戒指的立体图（戒指立体图的画法有多种方式，可参考《橙子珠宝设计教材》"戒指"章节中的立体图画法）（正面图高×宽：25mm×35mm、立体图高×宽：47mm×44mm）。

③ 用橡皮泥轻粘减淡造型，然后重新描画一遍线稿图。用直尺辅助画2条竖直的直线。

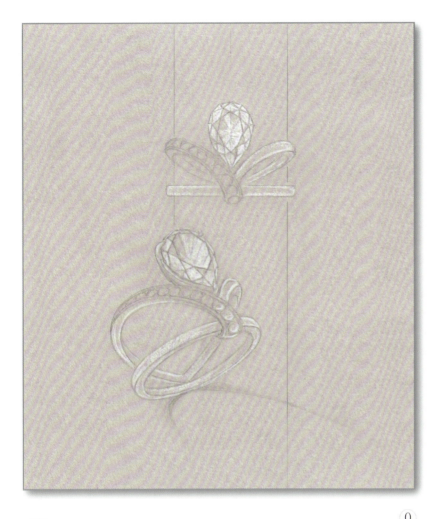

Tips 刻面线边缘颜色较深,台面画出大小扇形,以表现出从台面看到红宝石下腰的刻面。

Tips 涂画红宝石的刻面时,注意由深到浅的过渡。

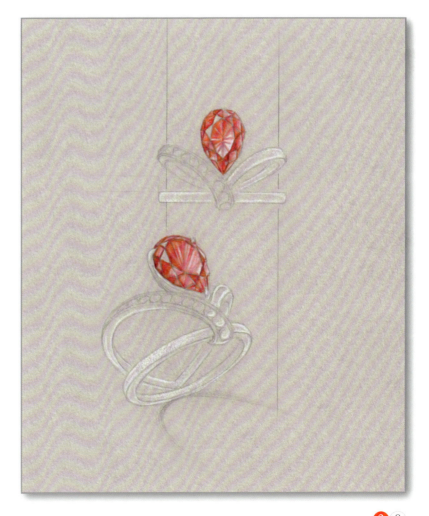

④ 先用白色(0#)涂画出基本的明暗关系。

Tips 红宝石台面的笔触由外向中心以射线的方式涂画。

⑤ 用红色(2#)涂画出红宝石的基本色调,然后用白色(0#)过渡,使暗部与亮部过渡自然。

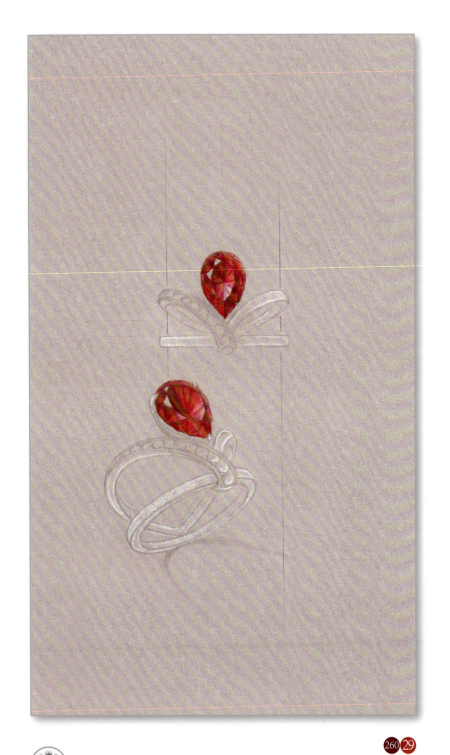

Tips 用鸽灰表现出明暗关系。

Tips 投影靠近戒圈处颜色较深，用鸽灰加强。

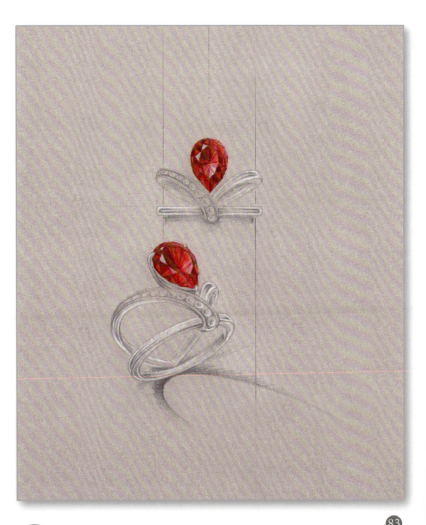

⑥ 用紫红（260#）加深红宝石的暗部，令其暗部的颜色层次更加丰富，然后用洋红色（29#）过渡红宝石暗部和亮部，使整体颜色过渡自然。

⑦ 用鸽灰（83#）涂画出整个戒指的暗部、投影，注意投影的虚实。

Tips 红宝石的投影先用白色沿着宝石边缘涂画，再叠涂出投影处的环境色，白色不要完全覆盖。

⑧ 用黑色（9#）加强戒指的最暗部、转折线、重叠线以及靠近物体处投影，突显整个戒指的立体感。用白色（0#）在正面图水滴红宝石右下方涂画出阴影，然后用浅洋红（21#）、红色（2#）涂画出红宝石周边的环境色。

⑨ 用高光笔涂画出戒指、钻石并点出钉，画出红宝石的刻面线、高光刻面、反光刻面以及镶嵌爪。

⑩ 用铅笔修整毛边，修顺戒指的线条，可令整个造型更加精致。

⑪ 用鸽灰（83#）过渡戒指以及钻石的暗部和亮部。用桃红色补色笔（202#）轻轻覆盖红宝石刻面线。

洛 可 可 篇

　　洛可可艺术风格起源于法国路易十四时代晚期，盛行于路易十五时代。其极尽的华丽和细腻的柔美，处处充满着浪漫色彩。洛可可风格采用绚烂的冲突色彩（如红配绿），以及与大量珍珠的搭配，无不显示它极尽的奢华。本篇章采用洛可可风格纷繁琐细、精致典雅的艺术手法，再现路易十五时代欧洲贵族生活的奢靡。

维多利亚的秘密

采取维多利亚时期的巴洛克风格作为灵感来源。宏伟而又旖旎的维多利亚时代，充满浪漫和精致。细腻而繁复的花纹设计，丰富的细节处理，华贵中又不乏浪漫情怀，再搭配曼妙的曲线，勾勒出纷繁富丽的胸针造型。钻石的纯净，宫廷的华丽，尽显奢华。

材质：18K白、钻石、黄碧玺、蓝宝石

1 画垂直辅助线，确定胸针的宽度和高度，然后勾画出草图，注意胸针左右对称的结构（高×宽：64mm×67mm）。

2 在草图的基础之上逐步细化丰富细节，注意左右对称的结构。

Tips 再细的线条也有宽度，用两根线条表现出金属的宽度。

3 修整造型，借助宝石模板画出镶嵌的宝石以及宝石的镶嵌方式，最后加强重叠线、转折线，注意线条要有轻重的变化。

Tips 用宝石的刻面变化表现出立体感。

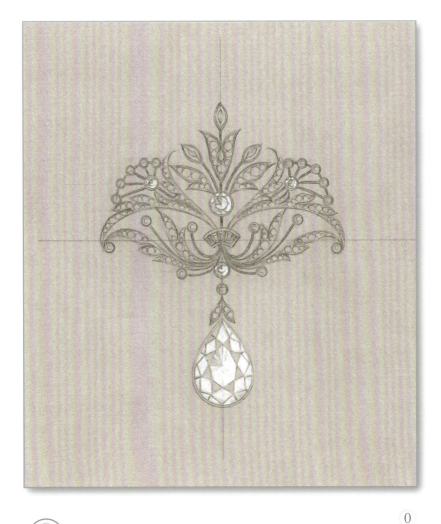

Tips 宝石台面涂画白色时，笔触力度由亮部逐渐向暗部减轻过渡。

④ 黄碧玺先用白色（0#）涂画一层，令后期的颜色更鲜艳。

Tips 宝石台面的笔触方向由外向内涂画。

⑤ 用黄色补色笔（1#）涂出黄碧玺基本色调，注意宝石台面的笔触由内向外以射线的方式涂画。蓝宝石用白色（0#）涂画。

⑥ 黄碧玺用荧光黄（10#）过渡灰部与亮部。蓝宝石部分用浅蓝（30#）涂画其基本色调。

⑦ 用土黄（16#）涂画出黄碧玺的暗部，笔触力度由暗部逐渐向灰部减轻过渡，令其过渡自然。

⑧ 蓝宝石用深蓝色补色笔（37#）刻画暗部。黄碧玺用焦黄色（73#）笔尖继续刻画暗部。

⑨ 用灰色补色笔（84#）涂画出胸针的暗部。

⑩ 用高光笔画出黄碧玺的刻面线以及高光刻面，然后圈画出白色钻石，最后描出光金部分。

Tips 注意线条的轻重节奏变化。

Tips 用灰色补色笔轻轻覆盖钻石暗部。

❾

⑪ 用黑色（9#）笔尖加重暗部线条、重叠线条和轮廓线，突显整体立体感；用高光笔提亮亮部，让明暗对比更强烈；用灰色补色笔（84#）轻轻覆盖镶钻部分的暗部以及沿着胸针造型画出投影。

⑫ 用铅笔修整粗糙的毛边，然后在金属线上以打圈的方式，圈画出辘珠边效果。

橙子·珠宝设计画册Ⅰ

轻 盈 羽 动

灵感源自美丽与梦幻的羽毛。羽毛由轻柔幼细的线条勾勒，铺满闪耀的钻石，轻盈柔美。蓝宝石的点缀如羽毛在太阳光下，细腻婉转。在蔚蓝的天空下飘摇，飞过房屋、树梢、街道，演绎着无尽的自由。世界上有一种鸟注定是关不住的，因为它们的每一片羽毛都沾满了太阳的光辉，闪耀着自由的光芒，使灵魂深处保有一片自由的天空，为相同的生命演绎着无尽的风情。

材质：18K白、蓝宝石、钻石

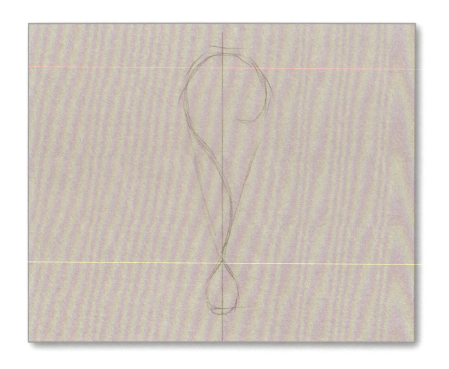

①画垂直辅助线，确定耳环的高和宽，勾勒出大致轮廓。耳环分为两部分，上半部羽毛和下半部主石水滴（高×宽：70mm×23mm）。

②丰富耳环的细节，画出主石水滴的刻面以及镶嵌爪。

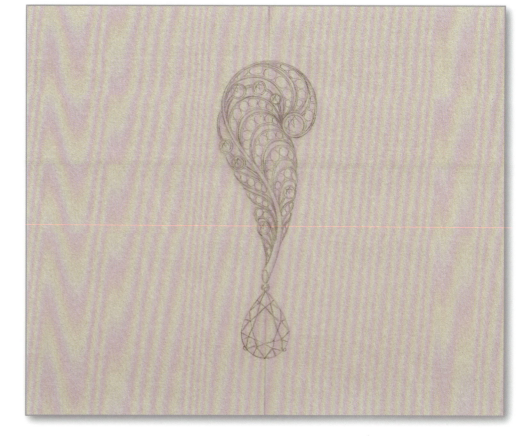

Tips 宝石的透视变化，表现出羽毛的空间感。

Tips 画宝石刻面，只需描画半边即可。

③修整造型，刻画细节。在转折的地方可多画一条线条来表现出它的宽度，加强转折线、重叠线、和明暗交界线，然后沿着羽毛画出镶嵌的钻石。

Tips 金属边用白色沿着造型在亮部和反光处涂画。

Tips 宝石台面的笔触力度由亮部逐渐向暗部减轻过渡。

④ 用白色（0#）涂画一层底色。

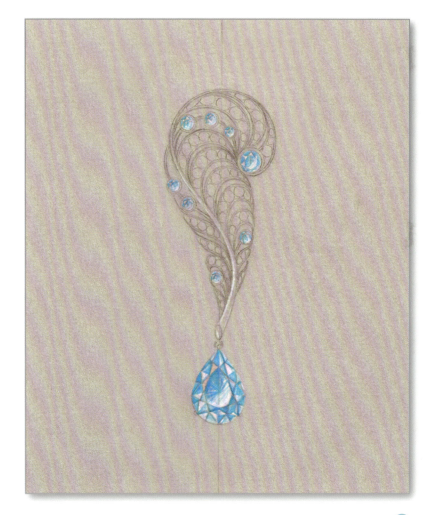

Tips 用灰色补色笔涂画时，转折部分笔触力度较重，凸起部分轻轻表现或者留白

⑤ 用浅蓝（30#）涂画出蓝宝石的暗部（即蓝宝石的深色部分）。

橙子·珠宝设计画册Ⅰ

Tips 蓝宝石暗部用笔尖强调其刻面线条，注意线条的轻重变化。

⑥ 用蓝色（3#）继续加深蓝宝石的暗部，注意与浅蓝色之间的过渡。

⑦ 用灰色补色笔（84#）涂画羽毛镶嵌钻石部分的暗部。

⑧ 用黑色（9#）加强蓝宝石的暗部以及整个胸针的重叠线、转折线以及明暗线。

⑨ 用高光笔圈画出钻石并点出钉，涂画出金属以及蓝宝石的刻面线、高光和反光。

⑩ 用高光笔涂画出钻石，受光处的钻石比背光处、转折处的钻石亮。然后用铅笔修整高光笔涂画时出现的毛边。

⑪ 用灰色补色笔（84#）轻轻覆盖镶钻部分的暗部，用浅蓝色补色笔（313#）稍微涂抹蓝宝石，使其过渡柔和。

⑫ 在右下方用黑色（9#）沿着耳环造型画出投影，然后用鸽灰（83#）过渡虚实，最后用粉蓝（302#）涂画一些环境色。

自然篇

冰冷的摩天都市，在忙碌中渐渐迷失，繁华却孤独。躁动的心向往那自然的平静。有一方圣地，如在画中，让灵魂与天地交融，回归纤尘不染的世界，漫天的芬芳飞舞，蝴蝶轻飞，硕果累累，蓝天白云，田园牧场……还有那恰似柔情的暖阳，洗涤心灵的浮华，静享这无拘无束的自在，一沙一世界，一花一天堂。

罂 粟 花 的 诱 惑

灵感源自充满诱惑的罂粟花。其舒卷有致的花瓣，层叠美妙，立体而生动，搭配浓郁的红色宝石，散发着如火的深情。在美丽的外表之下，充满着极致的诱惑，持久而深沉。

材质：18K白、钻石、红宝石、珐琅

① 用铅笔轻轻描画出罂粟花的草图（高x宽：70mm×40mm）。

② 修整造型，刻画细节。画出宝石以及宝石的镶嵌方式。

③ 用灰色补色笔（84#）涂画出明暗关系。红宝石用白色（0#）涂画出亮部。

④ 用白色（0#）表现出镶钻部分、金属以及珐琅亮部。用橘色（4#）画出红宝石最浅色调。

⑤ 用柠檬黄（12#）在珐琅部分涂画一层，注意高光和反光部分留白。用洋红色（29#）画出红宝石的基本色调。

⑥ 用柳绿（50#）画出珐琅绿色部分，然后用正绿（5#）画出暗部。用黑色（9#）在镶嵌红宝石的位置画出电黑金的效果。

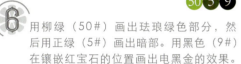

⑦ 用高光笔画出罂粟花的亮部、钻石的轮廓并点出钉。

⑧ 用高光笔画出钻石，亮部的钻石比暗部的钻石亮。

Tips 镶钻部分用灰色补色笔涂画出它的明暗关系，笔触方向由暗部向亮部过渡。

Tips 花瓣的折痕用黑色笔尖加强，使整个花瓣更生动，注意把握线条的虚实。

⑨ 用黑色（9#）加强整个罂粟花暗部的轮廓线、转折线以及重叠线，用灰色补色笔（84#）轻轻覆盖镶钻部分的暗部，注意虚实的变化，最后用高光笔画出星光效果。

又见鸢尾花

灵感源自凡·高的名画《鸢尾花》，其作品的整个画面洋溢着清新的气氛与活力，并将他的心魂留在了画上。设计再现鸢尾花自然舒卷的姿态，花朵用钻石点缀，展现鸢尾花在暖阳折射下闪闪发亮，摇曳生姿，犹如迎面吹来和煦的春风，传递着生命的惊喜。

材质：18K白、钻石、沙弗莱石、黄色碧玺

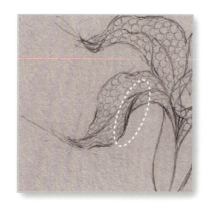

Tips 转折的轮廓线加强。

Tips 顺着花瓣画出镶嵌的宝石。

1. 画出主石，用铅笔轻轻地勾画出鸢尾花的造型。注意它们各部分之间的位置关系以及花瓣的大小变化（高×宽：110mm×60mm）。

2. 丰富细节。完善花的造型，注意花瓣前后的位置关系。前面的花瓣线条清晰，后面的花瓣线条较轻，这样能表达出花瓣的前后关系。画出镶嵌的宝石。

Tips 暗部轮廓线加重。

Tips 转折面的宝石是渐变的椭圆形。

③ 修整造型。用橡皮泥轻粘减淡铅笔稿，然后再描画一遍线稿，使造型更精致。

④ 用荧光黄（10#）涂画花瓣，花瓣由花心向外涂画，花脉用笔尖稍微强调一下。主石用中黄色补色笔（10#）涂画。

Tips 主石用中黄色补色笔涂满整颗宝石。

Tips 花瓣背光处颜色较深。

⑤ 用白色（0#）以大面积的方式涂画出钻石，亮部的白钻可多叠涂一层，加强明暗对比关系。

Tips 钻石先一整片涂画。

Tips 亮部的钻石较亮，可多涂画几遍。

Tips 黄色由花心向外涂画，靠近花心部分较暗。

Tips 为区分两片叶子，其中一片暗，一片亮。

⑥ 用黄色（1#）由花心向外继续叠涂花瓣；用橘色（4#）在主石暗部以射线的方式由外向中心涂画；用柳绿（50#）涂画叶子部分。

Tips 画出宝石的明暗，然后再用铅笔画出刻面，宝石的通透感渐渐突显。

Tips 顺着花脉的方向涂画。

7 主石用黄色（1#）和荧光黄（10#）过渡亮部和暗部，用白色（0#）加强高光；用铅笔画出主石的刻面；用花瓣用土黄（16#）、叶子用正绿（5#）分别加强各自的暗部。

Tips 花心处的颜色较深，用土黄加强。

Tips 叶脉边缘留出白色作为反光。

橙子·珠宝设计画册Ⅰ

Tips 亮部的宝石比暗部的亮,高光笔涂画的白色可偏多。

Tips 用高光笔画出金属边。

⑧ 用深棕(76#)强调主石暗部的刻面,然后用高光笔沿着主石的刻面线描画,画出亮部的高光刻面,让主石的明暗对比更强烈。

⑨ 用高光笔圈出叶子和花瓣部分的宝石以及钻石的轮廓,受光部分可多涂画一些白色,以突显亮部,强调明暗对比。

Tips 用黑色笔尖点出宝石的钉，彩色宝石镶嵌的位置一般情况下电黑更能突显其色泽。

Tips 加强花瓣的轮廓线，突显花瓣的体立体感，令花瓣更立体，注意线条的轻重变化。

⑩ 用高光笔画出钻石和星光，然后用相近色微调整整体的颜色，令整体色调过渡柔和。用灰色补色笔（84#）轻轻覆盖钻石暗部以及画出投影，最后用黑色（9#）画出绿色宝石位置电黑的钉以及暗部的轮廓线。

花 开 指 尖

灵感源自山茶花近于完全绽放的瞬间。山茶花花瓣层层叠叠舒展的姿态，绿的纯粹与白的纯洁交相辉映，将绽放绚烂的山茶花跃然于指尖，仿若置身于花间的精灵，探寻着自然的奥秘。

材质：18K白、祖母绿、沙弗莱石、钻石

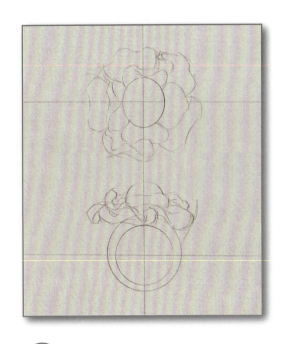
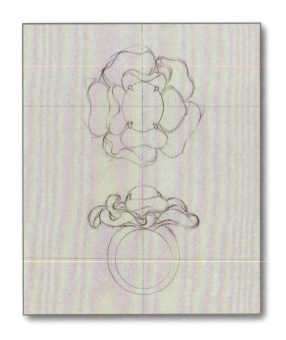

① 画辅助线，粗略画出戒指的造型，注意侧面高低位的变化（高×宽：30mm×30mm）。

② 修整造型，让每片花瓣的造型富于变化。

③ 画出镶嵌的宝石。宝石沿着花瓣有一定排列的顺序。

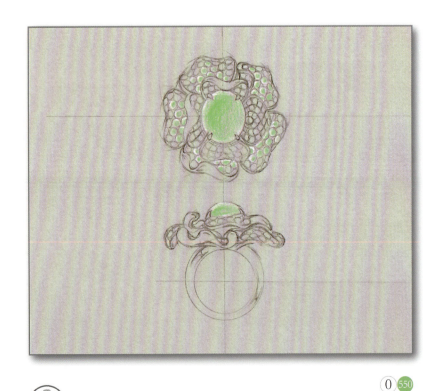

④ 用白色（0#）在祖母绿以及沙弗莱石铺一层底色，然后再用粉绿（550#）涂画出基本色调，宝石边缘留白。

⑤ 用正绿（5#）加强宝石的明暗对比，然后用柳绿（50#）过渡，使明暗过渡自然。

6 用黑色（9#）加强明暗交界线，青绿（52#）过渡暗灰部，用鸽灰（83#）涂画金属以及镶石位的暗部。

7 用白色（0#）画出钻石，并涂出金属的高光和反光。

8 用黑色（9#）画出重叠线、转折线以及轮廓线，并画出投影。用莱姆绿（53#）涂画一些环境色。

扫码观看《花开指尖》教学视频

Tips 在宝石亮部用高光笔沿着边缘画一些反光，显得宝石通透感更强。

9 用鸽灰（83#）在右下方画出投影，注意虚实关系的变化。用高光笔画出钻石、金属边，加强整个戒指的高光和反光部分，最后画出星光效果。

飞 花 似 梦

　　微风摇红叶，飞花轻似梦。如同那娇羞、内心却充满热情的少女；如银铃般的歌声随着微风传向远方，缔造着一缕缕与灵魂交织的清香。秀色粉绝世，馨香谁为传？不摇香已乱，无风花自飞。

材质：18K黄、红宝石、钻石

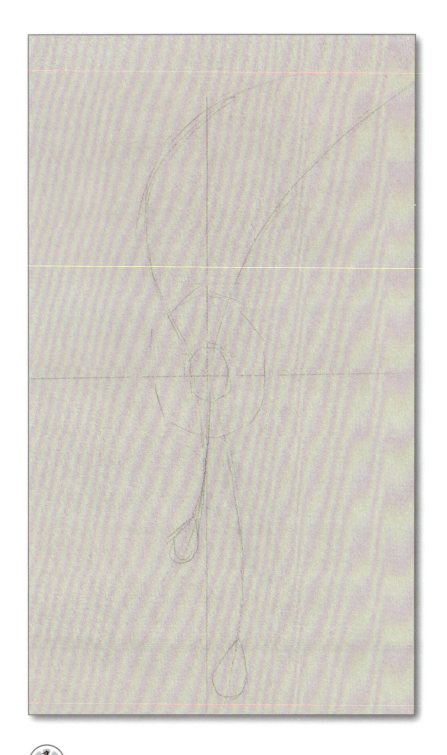

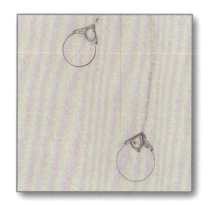

Tips 根据圆形宝石画出花盖部分，注意侧面的透视变化。

Tips 在框内画出花瓣，注意每片花瓣的造型变化。

1. 画垂直辅助线，画出主石并框出主体部分的外轮廓，然后以大曲线画出项链的大致走向（花的高×宽：40mm×33mm）。

2. 用宝石模板画出宝石，在草图确定的框内画出花朵造型。

Tips 转折线加强，突出立体感。

Tips 链子前面细致刻画，链子后面逐渐虚化，突显主次。

③ 用橡皮泥轻粘减淡线稿，重新描画一遍，然后根据链子的走向画出链子。

④ 用浅洋红（21#）涂画出红宝石的基本色调，注意越往亮部笔触力度越逐渐减轻。

Tips 宝石的高光和边缘留白，表现出宝石的通透感。

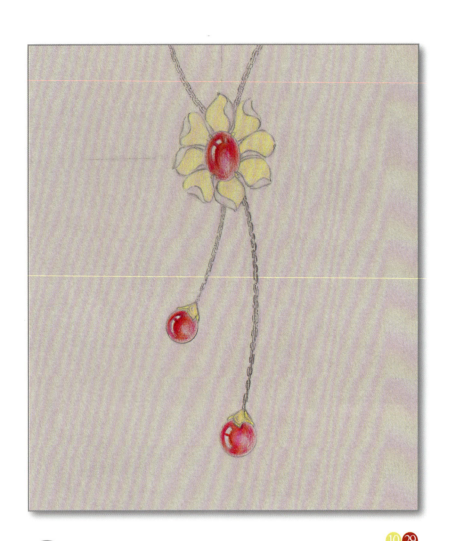

Tips 洋红色沿着暗部涂画。

Tips 花瓣黄金部分涂满荧光黄。

⑤ 用荧光黄（10#）画出黄金部分的基本色调。红宝石用洋红色（29#）叠涂暗部。

Tips 用白色涂画出链子亮部，前面的链子比后面的亮。

Tips 宝石在边缘涂画一些白色用以表现宝石的透光性。

⑥ 用白色（0#）涂画出亮部和反光。红宝石用浅洋红（21#）过渡亮部和暗部。

Tips 砂黄由花心向外涂画。

Tips 涂画出金属亮、灰、暗的关系。

⑦ 用洋红色（29#）继续加强红宝石的明暗交界线，让其明暗对比更强烈。黄金用砂黄（11#）涂画出暗部。

Tips 受光源影响，背光面的金属较暗。

Tips 靠近高光附近的颜色较深，突显明暗对比。

橙子・珠宝设计画册 I

Tips 镶钻部分用灰色补色笔画出明暗关系。

Tips 灰色补色笔落笔画投影时，前面重，后面轻。

⑧ 用浅棕（49#）加强金属的暗部，用紫红（260#）笔尖稍微沿着高光边缘刻画红宝石暗部。

⑨ 用灰色补色笔（84#）沿着整个造型的右下方画出投影。

Tips 链子靠近花朵部分用黑色稍微强调其轮廓线，加强链子的立体感，逐渐向后面虚化。

Tips 投影处的环境色与物体之间涂画一些白色。

⑩ 用黑色（9#）笔尖加强转折线、重叠线和轮廓线。用浅洋红（21#）画出红宝石的环境色，然后用白色（0#）过渡。

Tips 暗部的钻石用高光笔圈画出轮廓，亮部的钻石涂画出整颗钻石。

Tips 受红宝石影响，靠近红宝石周围的金属带有红宝石的颜色，用洋红色稍微在金属上涂画。

11 用高光笔圈画出钻石、红宝石以及金属的高光。用浅洋红（21#）画出椭圆形红宝石周边的环境色。

Tips 镶钻部分在暗部或者转折的地方用灰色补色笔轻轻覆盖，表现出它的明暗关系。

Tips 花心处颜色较深，用灰色补色笔涂画花瓣与花瓣之间的空隙，突出整朵花的立体感。

⑫ 用铅笔修整毛边，然后用灰色补色笔（84#）轻轻覆盖镶钻部分的暗部，让整体更和谐。

扫码观看《飞花似梦》教学视频

橙子·珠宝设计画册 I

舒 俱 莱

　　兰花缠绕着舒俱莱盛放，蜿蜒藤蔓的曲线围绕，将舒俱莱的高贵与兰花的优雅宛若天和地合二为一，在颈间熠熠闪烁如那撩人的繁花，绚烂迷人，彰显出独特的魅力。

材质：18K黄、舒俱莱石、黄色碧玺

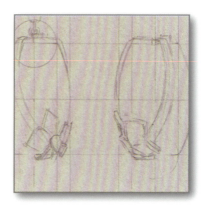 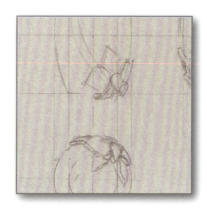

Tips 注意兰花各个视图的透视变化，不能准确把握的可根据正面图向右或者向左延伸作辅助线，确定各个点的位置。

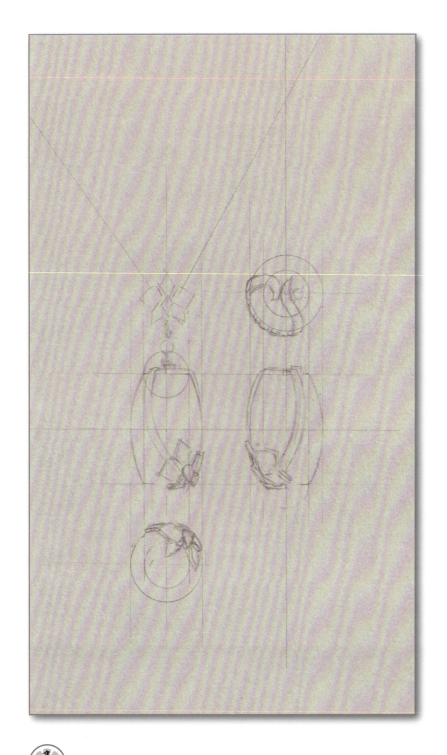

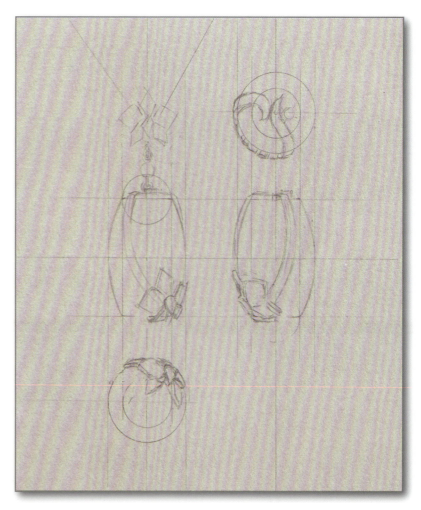

1 根据舒俱莱石的尺寸，画垂直辅助线画出它的形状，可先借用圆形模板画出舒俱莱石的轮廓，再勾勒出吊坠正面的草图，根据正面图画出其他视图（正视图高×宽：58mm×21mm）。

2 细化修改草图，画出兰花的厚度。加强重叠线，强调虚实关系，最后画出一些光影变化。

Tips 颜色叠加过渡要自然。

Tips 加强明暗交界线。

0 30 21 62 6

3 用白色（0#）画出亮部，并在亮部叠加一些浅蓝（30#）和浅洋红（21#）以丰富色调；用薰衣草紫（62#）铺出舒俱莱石的固有色，最后用紫色（6#）加强明暗交界线。

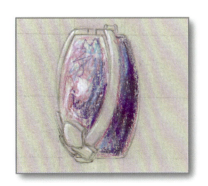

9 30 21 62 6 0

4 用黑色（9#）加强明暗交界线；用浅蓝（30#）、浅洋红（21#）、薰衣草紫（62#）和紫色（6#）过渡，整体调整，令颜色过渡自然；用白色（0#）表现出整体的亮部。

Tips 注意亮、灰、暗的节奏关系。

Tips 舒俱莱石颜色丰富，在暗部涂画一些蓝色。

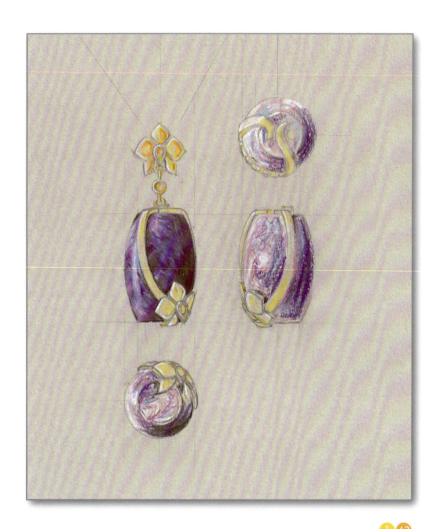

Tips 黄色笔触由两头向中间涂画。　　Tips 金属亮部的反光留白。

⑤ 金属先用黄色（1#）先铺一层底色，然后用浅橘（42#）涂画出金属暗部。

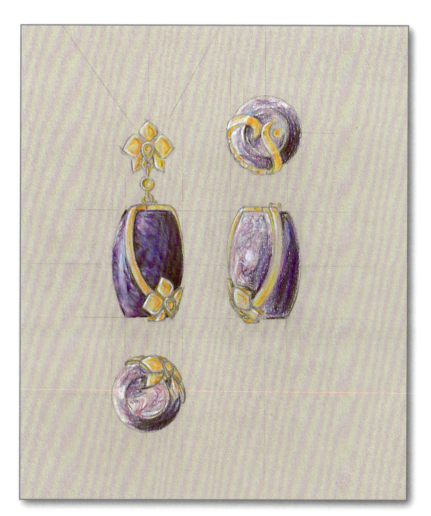

Tips 背光处的金属较暗，用砂黄涂画时多叠加几遍，让其明暗对比明显。

⑥ 用砂黄（11#）表现出金属的暗部。

Tips 稍微在链子上涂画一些黄色。

Tips 轮廓线加强，突显出前后关系。

7 用铅笔画出链子。用黄色（1#）画出链子的金属颜色；用黑色（9#）加强金属的暗部、重叠线和轮廓线，最后用白色（0#）整体提亮。

Tips 前面的链子细致刻画，往后逐渐虚化。

Tips 暗部轮廓线加强，突显立体感。

Tips 在亮部边缘用高光笔涂画一些反光，令舒俱莱石的质感更强烈。

Tips 高光笔画出链子的亮部，增强金属质感。

8 用灰色补色笔（84#）沿着物体的右下方画出投影，注意虚实关系的变化，最后用高光笔整体提亮。

Tips 为表现出前后的关系,与金属贴合部分的舒俱莱石颜色较深。

⑨ 用浅蓝(30#)、浅洋红(21#)、薰衣草紫(62#)、紫色(6#)整体修整颜色,让颜色过渡更自然,最后用高光笔画出星光效果。

Tips 亮部的色调以浅蓝和浅洋红为主,暗部则以薰衣草紫和紫色为主。

橙子·珠宝设计画册 I

橡 果

灵感源自被视为德鲁伊特教圣果的橡果。胸针运用彩色宝石浓艳的色泽，浸染幻化成丰硕的橡果果实，犹如每个人心中都有那一片挪威的森林，在宁静景致的橡树下，感受着秋日里的昂扬生机。

材质：18K黄、沙弗莱石、碧玺、尖晶石

橙子·珠宝设计画册 I

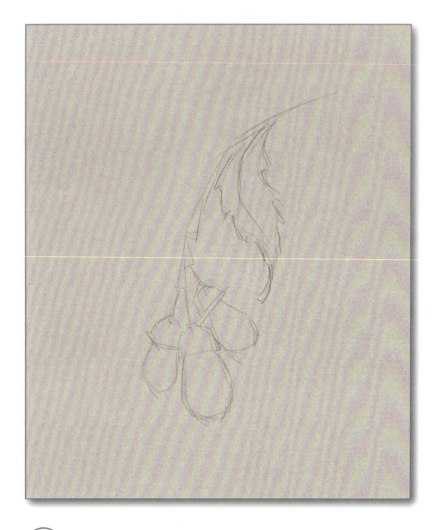

① 画出胸针的大致轮廓（高x宽：86mmx52mm）。

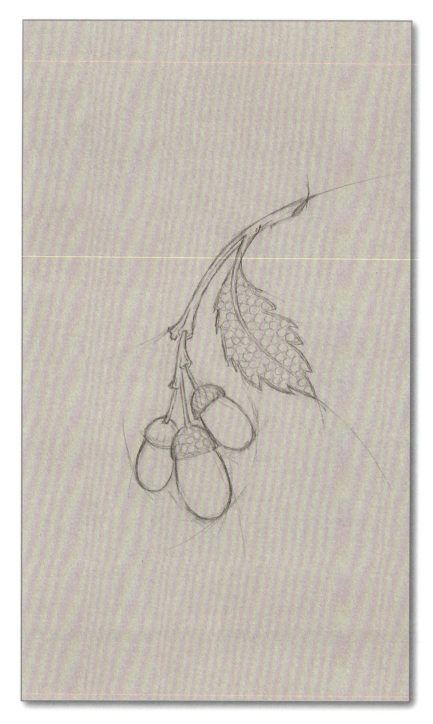

② 修整造型，丰富细节。画出镶嵌的宝石。加强明暗交界线以及重叠线，突显整体的立体感。注意近实远虚的关系，靠前的线为实线，越往后线条越虚。

Tips 顺着叶子方向画出镶嵌的宝石。

Tips 注意宝石的透视变化，由圆形渐变成椭圆形。

Tips 沿着金属的边缘涂画。　　Tips 主石的边缘用白色涂画。

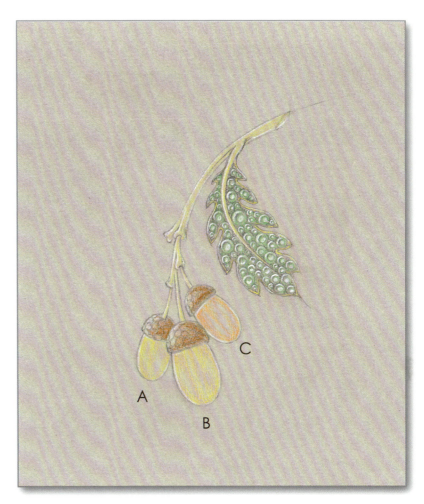

③ 调整造型,画出橡果盖镶嵌的宝石。用白色(0#)涂画出宝石以及整个胸针大致的明暗关系。

④ 沙弗莱石用莱姆绿(53#)、金属和B石用荧光黄(10#)、A石用柠檬黄(12#)、C石用砂黄(11#)、碧玺用土黄(16#)分别涂画出它们各自的基本色调。

Tips 主石的边缘留白,表现出它的通透性。　　Tips 碧玺部分从暗部开始由深到浅涂画。

橙子·珠宝设计画册 I

192

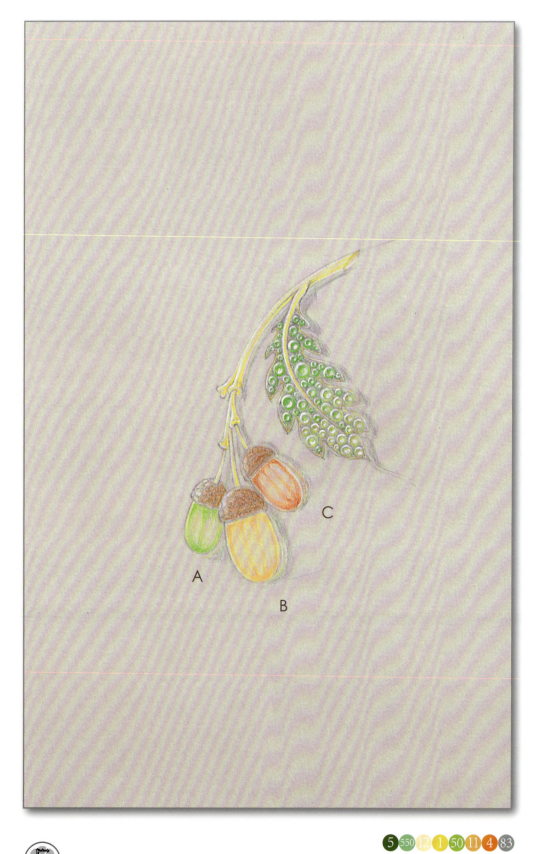

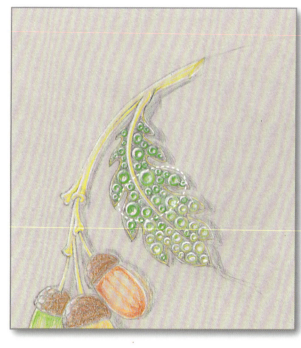

Tips 在颜色过渡区域可用两种色调叠加涂画，使其颜色过渡自然。

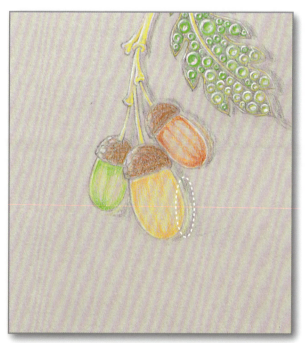

Tips 用宝石的颜色画出在投影处的环境色。

⑤ 沙弗莱石用正绿（5#）、粉绿（550#）、柠檬黄（12#）由深到浅涂画；金属用黄色（1#）、A石用柳绿（50#）、B石用砂黄（11#）、C石和碧玺用橘色（4#）加深暗部，并在投影处画出环境色；用鸽灰（83#）画出投影。

⑥ 金属和碧玺用浅棕绿（77#）加强暗部，然后用土黄（16#）过渡。用白色（0#）加强主石的亮部。

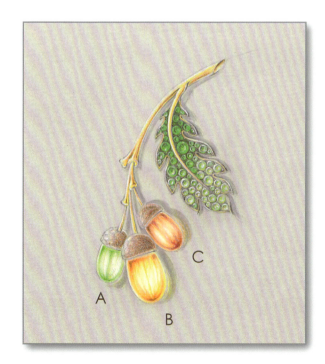

⑦ A石用正绿（5#）、B石用橘色（4#）、C石用红色（2#）加强暗部；用黑色（9#）调整明暗关系；用灰色补色笔（84#）加强投影。

⑧ 用高光笔描画出亮部并画出星光效果，碧玺用土黄（16#）笔尖在镶石位之间涂画，加强轮廓线，增强宝石的立体感。

旗袍篇

  旗袍，世界华人女性的传统服装之一，被誉为中国国粹和女性国服，展现了东方女性特有的神韵。在静默成诗的岁月里，其婉约中透着古意，弥漫着旧时光的味道，从古典走向现代，见证过大清国的兴盛与衰败，经历过中华民国的炮火与硝烟，感受过文革期间的屈辱和冷落。她穿过岁月风尘，身后，留下了一路风情和幽歌。她见证了江南烟雨的古巷、旧上海的繁华与落寞。岁月赠予她长长短短的故事，旧时光里沉淀了她丰富的底蕴和内涵。无论素雅还是妖娆，无论岁月如何变迁，在百媚千红的人群中，她总是如诗般清雅，低调而又奢华，骨子里有一种说不出的东方韵味。

轻颦浅笑芙蓉开

　　灵感源自女子穿旗袍手拿罗扇时的姿态。女子轻执罗扇，嘴角微微上扬，半露的眉眼和唇角都是风情。轻轻扇动着手上的罗扇，轻颦浅笑不动声色间，仿若从古典向现代袅娜地走来，温婉含蓄。明眸一笑万古春，似有千言万语，却又欲说还休，宛若一种江南烟雨的如梦似幻。

材质：18K黄+白、钻石、黑钻、红宝石、蓝宝石、黄色托帕石

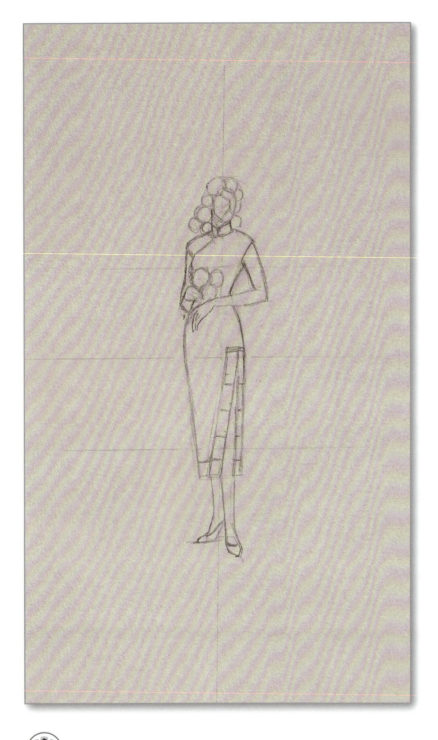

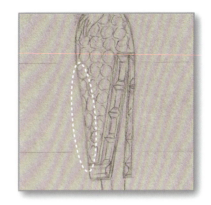

Tips 通过由圆形渐变到椭圆，表现出面的转折，突显出整体的立体感。

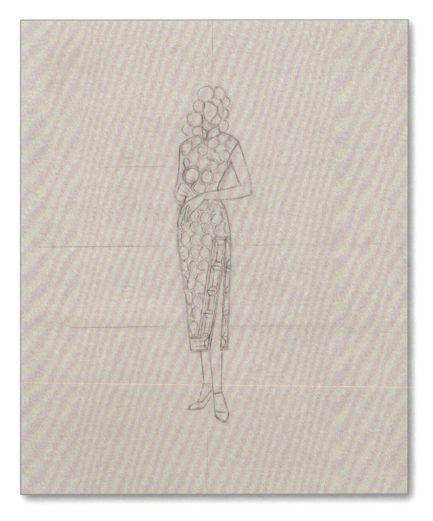

① 画辅助线，定出人物的总高度以及宽度（人的身高约为7.5个头长的比例），画出草图（高×宽：100mm×24mm）。

② 修整造型，刻画细节，画出副石，注意转折部分副石的画法，然后稍微画出一些刻面表现出宝石。

③ 先用中黄色补色笔（10#）画出灰部，留出受光部，靠近边缘是反光的面，可留白不涂画。用鸽灰（83#）涂画金属暗部。

④ 受光面用白色（0#）涂画。用黑色（9#）以打圈的方式画出头发部分的黑钻，然后用笔尖加强光金的暗部。

Tips 边缘留白，表现出反光的效果。注意暗、灰、亮的节奏。

Tips 红宝石亮部和台面反光部分留白。

⑤ 旗袍部分继续用浅橘（42#）刻画暗部，然后扇子部分的红宝石先用浅洋红（21#）以打圈的方式画出基本色调。

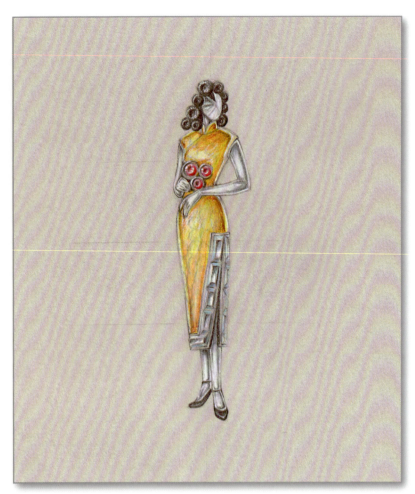

Tips 用鸽灰沿着黑钻的受光处涂画提亮。

Tips 用鸽灰表现出黑钻投射在额上的投影。

②③⓪❾

⑥ 红宝石用红色（2#）刻画灰部，蓝宝石先用粉蓝（302#）涂画一层，作为蓝宝石的亮色调，然后用黑色（9#）刻画明暗交界线以及重叠线。

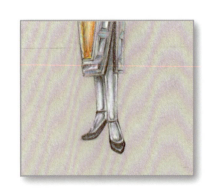

Tips 加强蓝宝石的明暗交界线。

Tips 鞋子留出一些反光，质感更强烈。把握暗、灰、亮的节奏。

❽❸③⓪

⑦ 黑钻和鞋子部分的亮部用鸽灰（83#）提亮，蓝宝石用浅蓝（30#）加深灰部。

Tips 黑钻部分的投影与黑钻之间留白，表现出投影处的透光。

Tips 受蓝宝石影响，投影处带有一些蓝色。

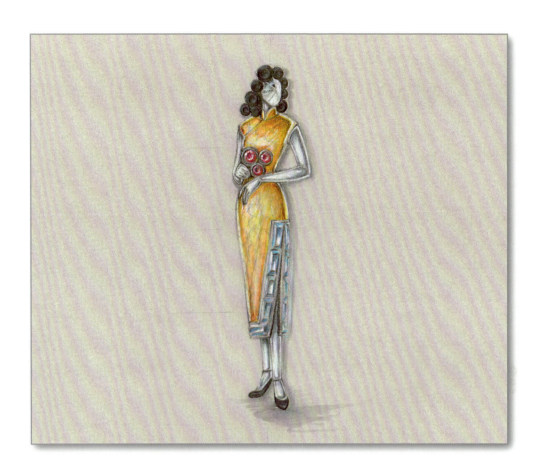

⑧ 黑钻和鞋子部分的亮部继续用鸽灰（83#）提亮，投影部分先用灰色补色笔（84#）沿着人物涂画一层，然后用鸽灰（83#）加强投影的暗部，最后靠近蓝宝石部分的投影的环境色先用白色（0#）涂画，再用粉蓝（302#）叠加涂画出蓝宝石周边的环境色。

⑨ 蓝宝石用蓝色（3#）加强暗部。用高光笔以打圈的方式圈画出旗袍黄色部分的宝石，头发部分的黑钻稍微加一些高光，然后画出光金部分的高光。

⑩ 用高光笔画出星光效果。用铅笔修整毛边，然后用灰色补色笔（84#）轻轻覆盖暗部的线条，使其过渡自然。

绣 幕 芙 蓉 一 笑 开

灵感源自东方的内敛与西方的开放相结合。旗袍不再是高高竖起的硬领而是玲珑尽现，凹凸有致，修长开叉的裙摆，让迷人的春光若隐若现，柔美妩媚，举手投足之间散发着万种风情。将东方女子身上才有的神韵展现得淋漓尽致，演绎了具有东方意蕴的别样风情。

材质：18K白、钻石、红宝石、沙弗莱石

Tips 先画出马眼的形状,再画台面,根据台面的变化来表现出马眼的透视变化。

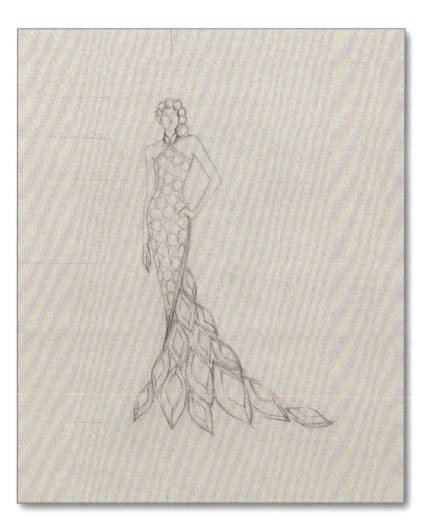

① 画垂直辅助线,定出宽度以及高度(人的身高约为7.5个头长的比例),画出草图(高×宽:100mm×61mm)。注意裙摆部分的马眼由小到大渐变,增强视觉效果。

② 修整造型,刻画细节,画出副石以及马眼的刻面,注意马眼刻面透视的关系。

Tips 马眼的暗部可多叠加涂画，表现出马眼的明暗关系。

③ 先用白色（0#）涂画出高光面，马眼为绿色的宝石，因此用柠檬黄（12#）作为其亮色调，先涂画一层。

④ 用粉红补色笔（200#）由裙子底部向上涂画，笔触力度由重到轻，用浅洋红（21#）稍微过渡，使它更加自然。马眼用柳绿（50#）涂画灰部。用鸽灰（83#）涂画皮肤灰部。

Tips 用柳绿加强马眼的明暗交界线。

Tips 边缘线留白表现出反光。

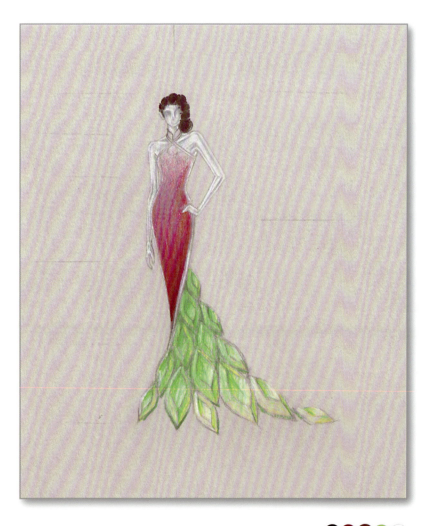

Tips 用正绿加强马眼的轮廓线，突出马眼的立体感。

⑤ 皮肤部分用白色（0#）加强亮部。裙子是由深到浅的渐变色，先用桃红色补色笔（202#）由下往上笔触力度逐渐减轻，然后用品红（20#）过渡使之自然。马眼用正绿（5#）继续刻画灰部。

Tips 前面的马眼亮，后面的马眼较暗，注意马眼的渐变色变化。

⑥ 头发部分的黑钻用黑色（9#）先涂画一层，裙子暗部先用紫红（260#）刻画，再用深棕（76#）加深最暗部。马眼用柳绿（50#）过渡灰部与亮部，然后用白色（0#）提亮亮部。

7 用黑色（9#）圈出马眼以及裙子暗部的宝石，裙子用紫红（260#）和木槿紫（61#）表现出宝石的深浅变化，然后马眼用正绿（5#）加深暗部。

8 用灰色补色笔（84#）在右下方画出投影。用白色（0#）在马眼投影部分提亮，然后用柳绿（50#）画出马眼的环境色。

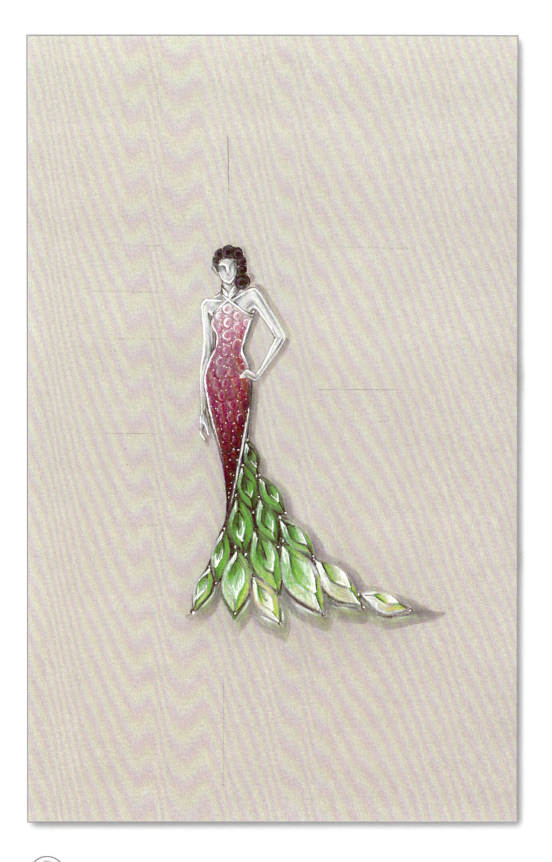

9 用高光笔整体提亮，画出反光和高光，最后点出宝石的钉。

一缕书香在心间

灵感源自女子着旗袍手执书本的姿态。绾起的青丝，恬静的容颜，散发着幽幽的馨香。浮生半日里，繁华盛开的江南，静立花树下，独享一卷好书，留一隅书香。在时光的穿梭里，走过了烟雨江南的古巷，走过了旧时上海的繁华与落寞，走过了硝烟四起的民国，在岁月里，沉淀了丰富的底蕴和内涵，诠释了女性的独立和自信。

材质：18K黄+白、钻石、黑钻、红宝石、蓝宝石、黄尖晶

Tips 用铅笔轻轻勾画出水滴的形状，可稍微表现出它的台面。

1. 画垂直辅助线，定出人物的总高度以及宽度（人的身高约为7.5个头长的比例），画出草图（高×宽：100mm×59mm）。

2. 修整造型，刻画细节，画出各个宝石的位置。

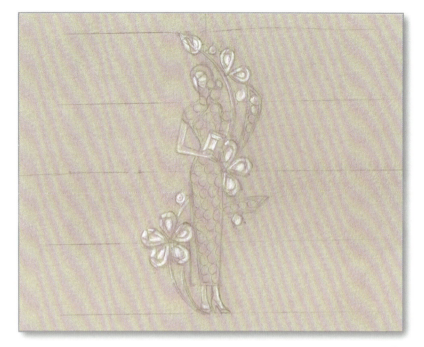

③ 用橡皮泥轻粘减淡线稿之后再描画一遍。最后画出镶嵌的宝石。

④ 用白色（0#）涂画出亮部和反光，表现出基本的明暗关系。

Tips 用粉蓝涂画蓝宝石时，边缘留白。

Tips 黄尖晶涂画荧光黄时，不要完全覆盖白色。

⑤ 蓝宝石用粉蓝（302#）、金属和黄尖晶用荧光黄（10#）涂画出宝石的基本色调。

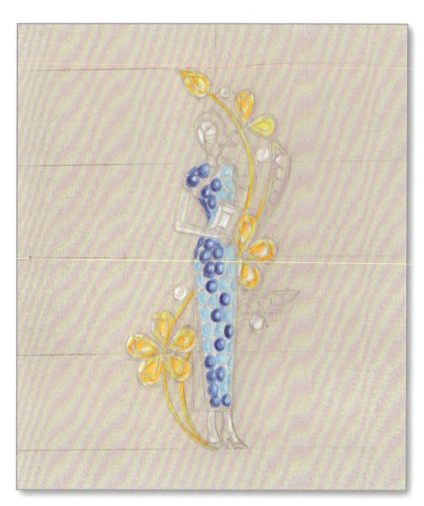

Tips 金属的背光部用砂黄沿着金属涂画出暗部。

Tips 将靠近蓝宝石内轮廓的色调加深。

③ ㉚ ⑪

6 较深的蓝宝石用蓝色（3#）、较浅的蓝宝石用浅蓝（30#）、金属和黄尖晶用砂黄（11#）涂画出它们的暗部。

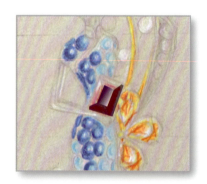

Tips 红宝石背光处暗。

Tips 用灰色补色笔涂画金属时，边缘的反光留白。

② ㉑ ④

7 红宝石先用红色（2#）涂画暗部，再用浅洋红（21#）过渡暗部和亮部。金属和黄尖晶用橘色（4#）加深暗部。用灰色补色笔（84#）涂画出金属以及镶钻部分的暗部。

❽ 用黑色（9#）画出头发部分的金属和黑钻、鞋子、宝石以及整个造型暗部的轮廓线。

❾ 用高光笔整体提亮，画出钻石以及所有宝石的镶嵌爪。

Tips 涂画环境色时，只需要轻轻表现即可，切勿画蛇添足。

❿ 用鸽灰（83#）在右下方画出投影，然后用黑色（9#）加强虚实关系。蓝宝石周边的环境色用粉蓝（302#）、红宝石周边的环境色用浅洋红（21#）、金属以及黄尖晶周边的环境色用荧光黄（10#）涂画。

珐琅篇

　　珐琅，又称景泰蓝。珐琅工艺是一种在金属胎体表面施以各色釉料的工艺。当不同色彩的釉料烧结后表面形成一种富有光泽、色彩艳丽的玻璃质，装饰效果极强。它的整个制作过程工序复杂、费时费力。而珐琅工艺在首饰制作中的应用，不仅能发扬传统的珐琅工艺，更能丰富珠宝首饰品种，使更多的人拥有展示个性气质、陶冶情操的珠宝首饰。

红 屋 翠 柏 套 装

餐霞饮露匿山中，沐雨腾云四面风。层林叠嶂着人醉，画意诗情盈满胸。迎客松下，茅屋村舍，山中小径润物语，幽雅和宁静，徜徉在大自然如诗般的意境里，仰望着青山绿水，云雾缭绕，一杯浊酒言欢，既赏春花又看秋月。

材质：18K白、钻石、红宝石、蓝宝石、橙蓝宝、珐琅

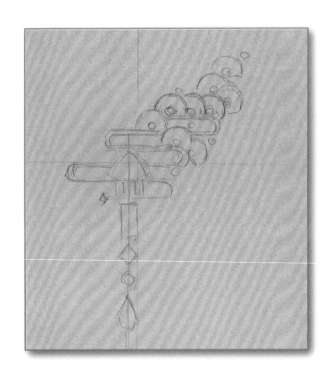

① 画垂直辅助线，粗略地画出草图（高×宽：74mm×50mm）。

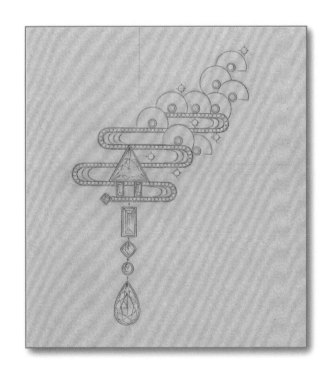

② 修整造型。先用直尺画出镶钻部分的造型，然后用模板圈画出钻石、松叶以及彩色宝石。

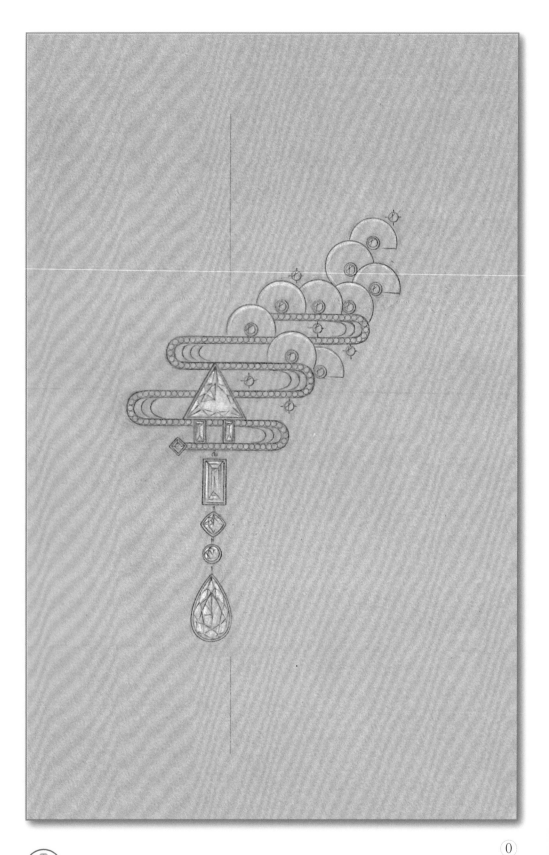

③ 先用白色（0#）在彩色宝石上涂画一层以及涂画出松叶部分的亮部。

Tips 涂画出宝石的暗部即宝石的深色区域。

Tips 松叶亮部的边缘留白。

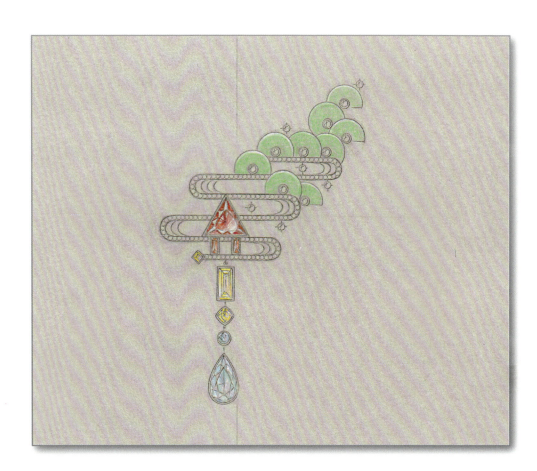

④  蓝宝石用粉蓝（302#）、黄蓝宝用黄色（1#）、橙蓝宝用橘色（4#）、红宝石用红色（2#）、松叶用粉绿（550#）分别涂画出它们各自的基本色调。

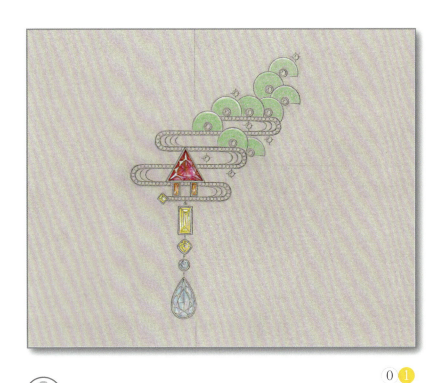

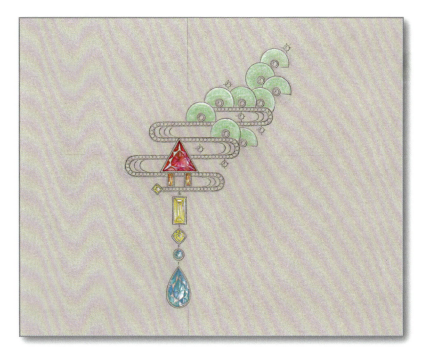

⑤  红宝石用红色补色笔（2#）涂画暗部，然后用白色（0#）提亮亮部，橙蓝宝用黄色（1#）涂画亮部。

⑥ 蓝宝石用浅蓝（30#）涂画暗部。用白色（0#）提亮蓝宝石和松叶的亮部。

橙子·珠宝设计画册 I

220

⑦ 蓝宝石用蓝色（3#）继续加深暗部刻面。用松绿（35#）继续在松叶部分由内向外涂画，注意笔触力度向外逐渐减轻。

Tips 暗部的刻面线可稍微强调。

Tips 松叶的边缘留白。

Tips 沿着造型的右下方画投影，注意虚实节奏。

⑧ 蓝宝石的明暗交界线用蓝色（3#）加强。用灰色补色笔（84#）沿着造型右下方画出投影。

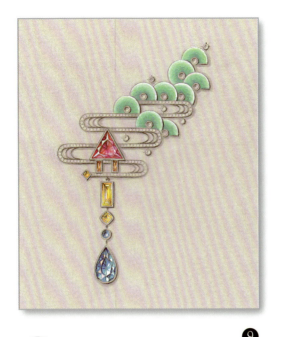

⑨ 用黑色（9#）加强明暗交界线以及轮廓线。

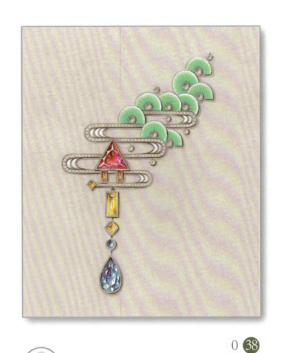

⑩ 用白色（0#）画出钻石以及光金的亮部。松叶用海洋蓝（38#）以钻石为中心画出透明珐琅底纹的效果。

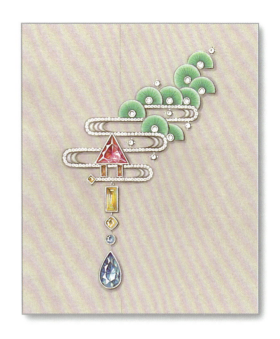

⑪ 用高光笔以打圈的方式画出钻石，然后勾画出整个胸针的金属部分。

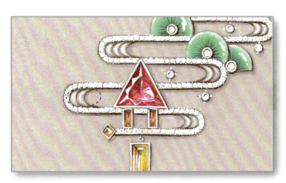

Tips 把握金属暗、灰、亮的节奏关系。

⑫ 用铅笔修整毛边，用高光笔画出钻石，然后用灰色补色笔（84#）轻轻覆盖暗部，令其过渡自然。松叶用黑色（9#）以钻石为中心，以放射的方式向外拉丝，使它对比强烈，最后用高光笔画出珐琅的反光和高光，令它显得更透亮。

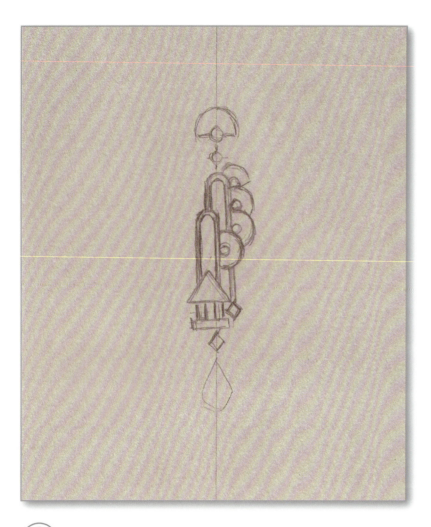

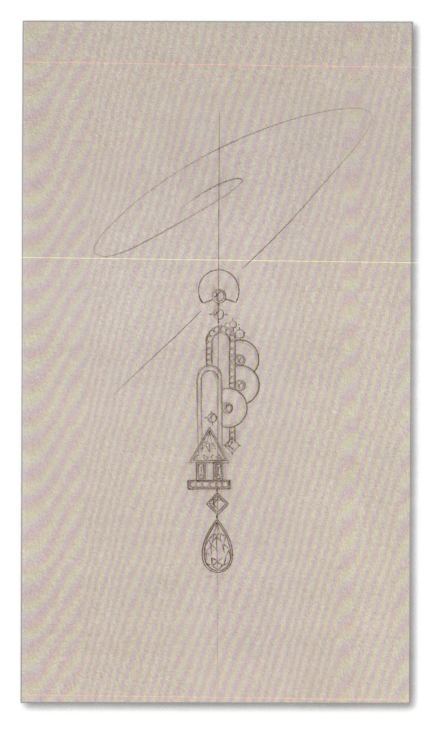

① 画垂直辅助线，粗略地画出耳环的草图（高×宽：80mm×18mm）。

② 细化草图。先用直尺画出镶白钻部分的造型，接着用圆形模板圈画出白钻，然后用宝石模板圈画出彩色宝石，最后用圆形模板圈画出松叶部分以及钻石。

Tips 要表现出宝石的刻面。

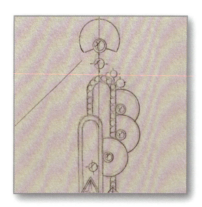

Tips 松叶部分可借用圆形模板圈画，注意松叶的前后关系。

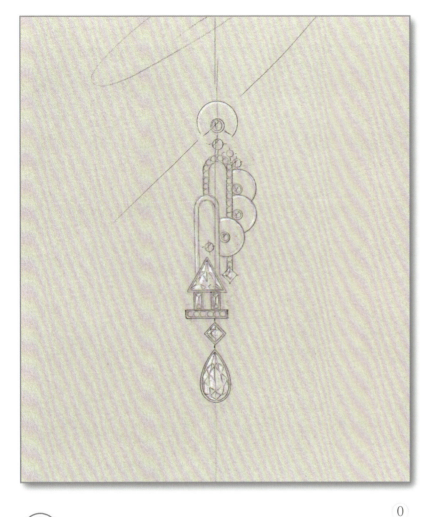

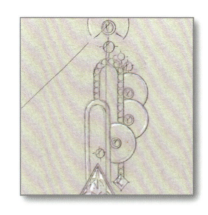

Tips 光金部分沿着造型在左边（受光面）涂画。

Tips 为使有色宝石在灰卡纸上的颜色纯度较高，可先涂画一层白色。

③ 亮部先用白色（0#）涂画一层。

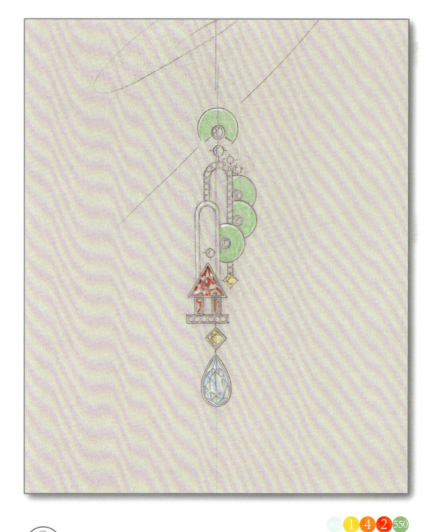

Tips 松叶边缘留白。

Tips 在宝石的暗部涂画出它们的基本色调，暗部的宝石刻面线可稍微强调一下。

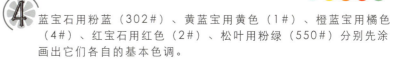

④ 蓝宝石用粉蓝（302#）、黄蓝宝用黄色（1#）、橙蓝宝用橘色（4#）、红宝石用红色（2#）、松叶用粉绿（550#）分别先涂画出它们各自的基本色调。

橙子・珠宝设计画册 I

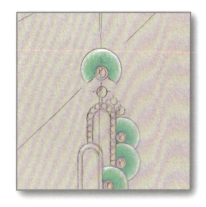

Tips 把握蓝宝石的颜色深浅变化，暗部颜色深，亮部颜色浅。

Tips 松叶中间颜色深，逐渐向外颜色渐浅。

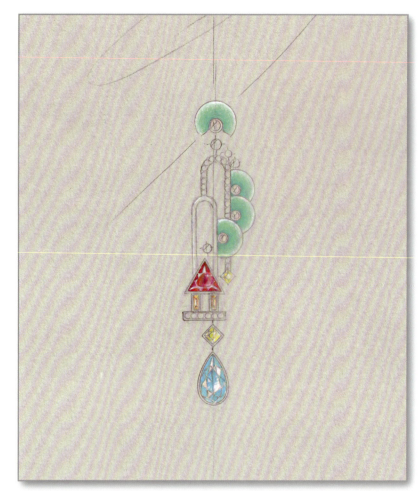

5 红宝石用红色补色笔（2#）、蓝宝石用浅蓝（30#）分别涂画暗部。橙蓝宝用黄色（1#）涂画亮部。用白色（0#）提亮宝石和松叶的亮部，然后用松绿（35#）由内向外涂画松叶，笔触力度逐渐减轻。

6 蓝宝石用蓝色（3#）继续加深暗部刻面。用灰色补色笔（84#）沿着造型右下方画出阴影。

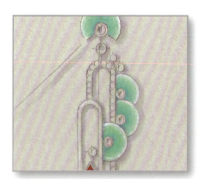

Tips 假设光源由左上方射入，阴影在右下方。

Tips 注意投影的虚实。

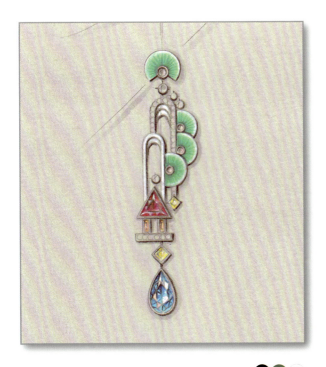

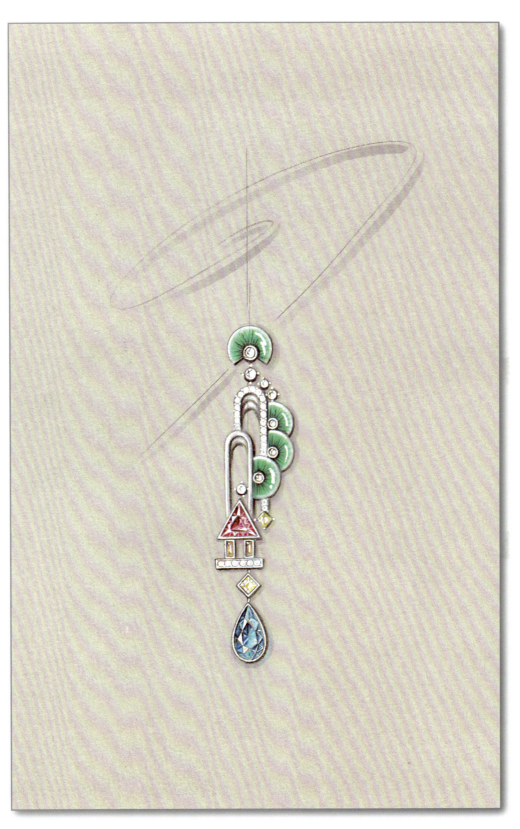

⑦ 用黑色（9#）加强暗部线条。松叶用海洋蓝（38#）画出珐琅底纹，然后用白色（0#）涂画出金属。

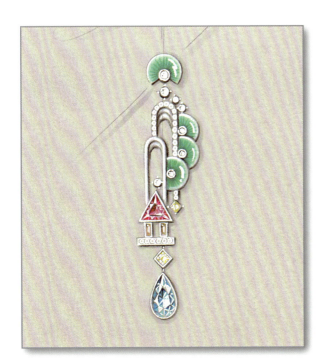

⑧ 用高光笔画出钻石、金属以及珐琅的高光和反光。

⑨ 用铅笔修整毛边。用补色笔（84#）轻轻覆盖暗部令其过渡自然。松叶用黑色（9#）加强底纹的明暗对比，最后用黄色（1#）、浅洋红（21#）、浅蓝色（30#）分别画出宝石的环境色。

② 修整造型,刻画细节。借助宝石模板画出宝石。

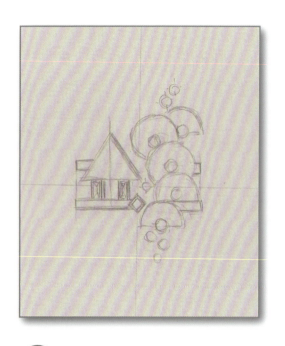
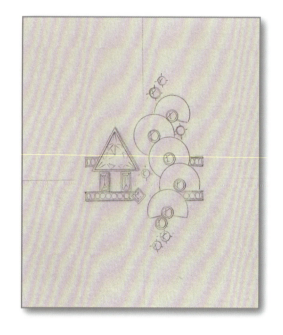
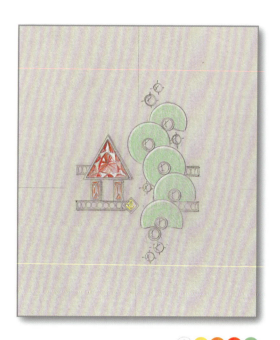

① 画垂直辅助线,粗略地画出戒指的草图(高×宽:47mm×35mm)。

③ 先用白色(0#)涂画出戒指的高光。黄蓝宝用黄色(1#)、橙蓝宝用橘(4#)、红宝石用红色(2#)、松叶用粉绿(550#)分别涂画出它们各自的基本色调。

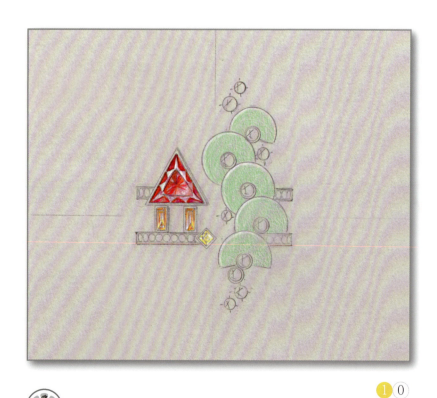
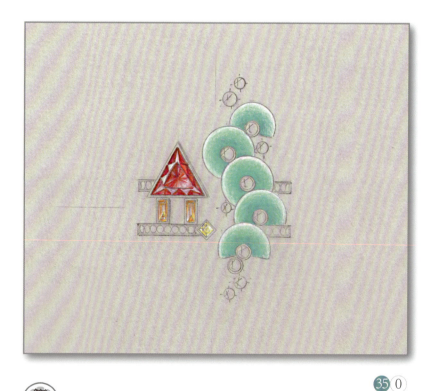

④ 红宝石用红色补色笔(2#)、橙蓝宝用黄色(1#)涂画亮部。用白色(0#)提亮宝石的亮部。

⑤ 松叶用松绿(35#)由内向外涂画,笔触力度逐渐减轻,然后用白色(0#)由外向内过渡。

7 用黑色（9#）加强暗部线条以及轮廓线。松叶用海洋蓝（38#）画出珐琅底纹。

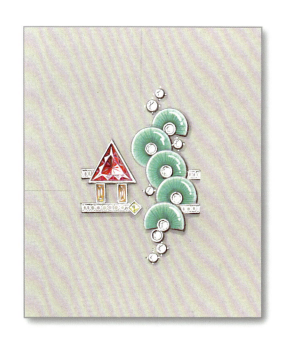

6 用灰色补色笔（84#）沿着造型右下方画出阴影。

8 用高光笔画出钻石、金属以及珐琅的高光和反光。

Tips 由于钻石在用高光笔涂画的过程中，刻面线被覆盖不清晰，最后需要用铅笔加强刻面线。

9 用高光笔涂画出钻石，然后用铅笔修整毛边。用灰色补色笔（84#）轻轻覆盖整体的暗部，令其过渡自然。松叶用黑色（9#）加强底纹的明暗对比。

橙子·珠宝设计画册 I

韶 光 套 装

　　灵感源于教堂花窗,渐变珐琅营造出梦幻迷离的艺术效果,同时将金属的冰冷质地体现得淋漓尽致。煦暖明媚的阳光,严谨肃穆的教堂,让人心生向往去追寻着它的宁静。走在教堂里,五彩缤纷的彩色玻璃窗在阳光的透射下令人悸动,恰似匆忙人生中错过的风景。生活需驻足去发现美、领略美、留住美。

材质:18K白、钻石、珐琅

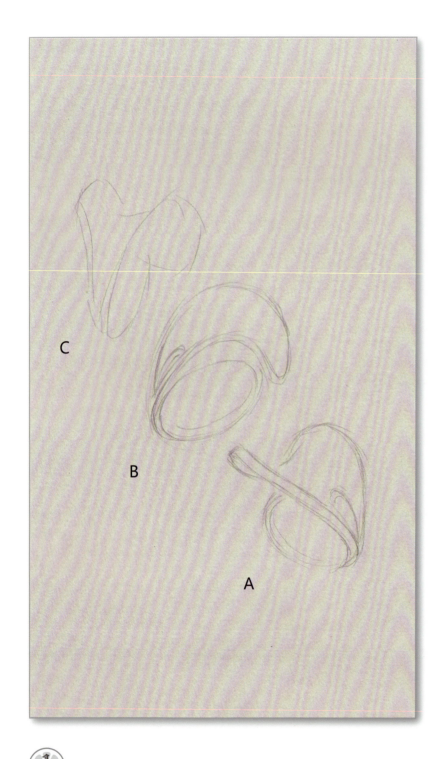

Tips 画出面的转折关系，令戒指更立体。

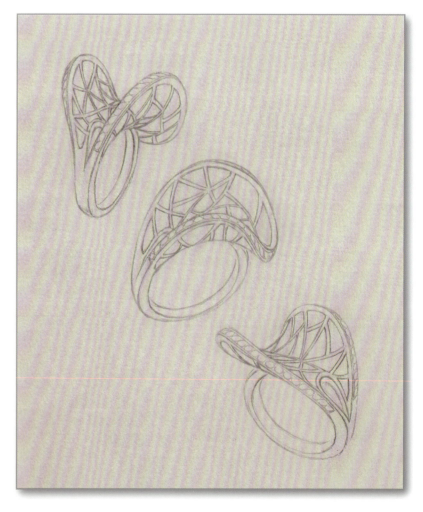

① 粗略地画出戒指的草图，注意立体图的透视变化，先画出戒圈，再丰富戒面（A高x宽：39mmx38mm、B高x宽：43mmx39mm、C高x宽：42mmx33mm）。

② 修整草图，刻画细节。画出镶嵌的钻石，加强转折线、重叠线，注意转折线和重叠线的虚实。

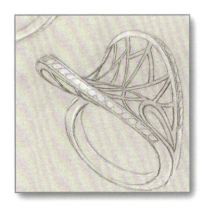

Tips 为表现出它们的明暗关系,先画出亮部。

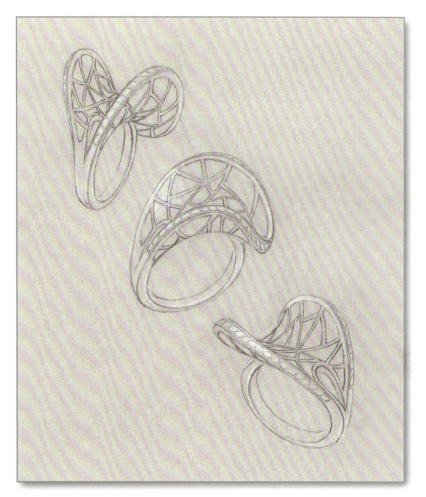

③ 用白色(0#)涂画出钻石、珐琅以及金属的亮部。

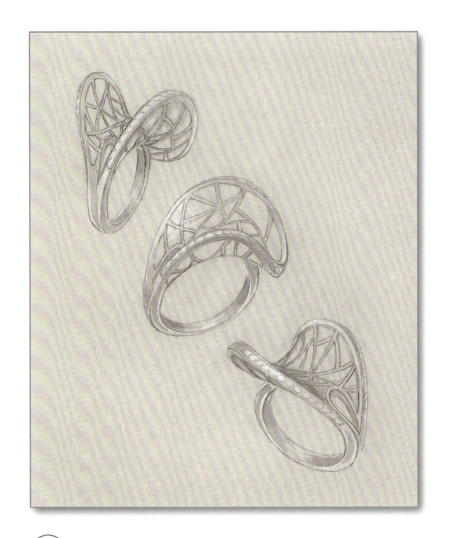

④ 用灰色补色笔(84#)涂画出整个戒指的暗部、灰部。

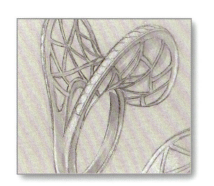

Tips 背光部最暗的地方可多涂画几遍,让它们的明暗关系更明显。

⑤ 用浅洋红（21#）涂画珐琅玫红色部分；柳绿（50#）涂画绿色部分；粉蓝（302#）涂画蓝色部分；用白色（0#）加强整个戒指的亮部。

Tips 转折面的线加重。

Tips 轮廓线加重，突显立体感。

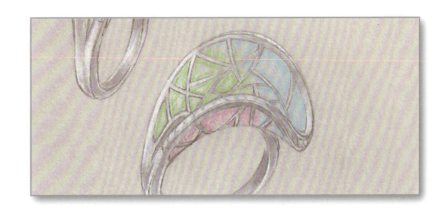

Tips 靠近金属边缘颜色较深，因此沿着金属边缘向中间涂画。

⑥ 用黑色（9#）涂画出金属的暗部，加强整个戒指的转折线、重叠线以及暗部的线条，增强戒指立体感。

Tips 注意颜色的深浅变化，表现出明、灰、暗的节奏。

Tips 两种颜色可叠加涂画，使其颜色过渡自然。

Tips 靠近金属边缘处颜色较深。

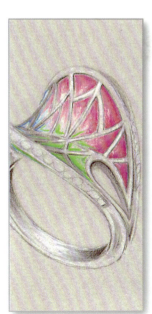

Tips 两边颜色深，中间浅。

⑦ 玫红色部分用木槿紫（61#）、绿色部分用正绿（5#）、蓝色部分用蓝色（3#）分别加深其深色部分，注意在两种颜色过渡区域可用这两种颜色叠加涂画使其过渡自然。

Tips 受光源影响，凹面的金属较暗。

⑧ 为使珐琅各个部分的颜色过渡自然，需在两种颜色过渡区域叠加一些柠檬黄（12#）。在珐琅的深色部分轻轻加一些黑色（9#），突显珐琅的通透感。

⑨ 用高光笔涂画出高光、反光、钻石并点出钉。

Tips 转折面的钻石用灰色补色笔轻轻覆盖,让镶钻部分的立体感更强烈。

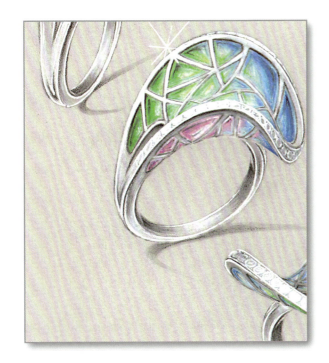

Tips 靠近物体处投影较暗,用黑色加强。

⑩ 用灰色补色笔(84#)轻轻覆盖钻石的暗部以及在戒指右下方涂画出阴影,用黑色(9#)加强投影的虚实。最后用高光笔画出星光效果。

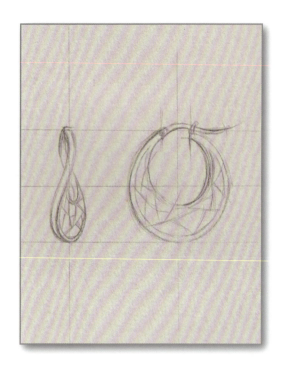 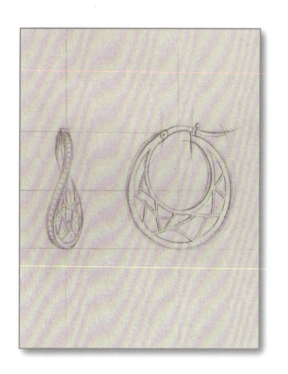 

① 粗略地画出耳环的草图以及结构，根据耳环的正面图画出侧视图（高×宽：32mm×30mm）。

② 修整草图，刻画细节。画出镶嵌的钻石，加强转折线、重叠线。

③ 珐琅玫红色部分用浅洋红（21#）、绿色部分用柳绿（50#）、蓝色部分用粉蓝（302#）涂画，然后用白色（0#）提亮。

④ 玫红色部分用木槿紫（61#）、绿色部分用正绿（5#）、蓝色部分用蓝色（3#）加深其深色部分，注意在两种颜色的过渡区域可用这两种颜色叠加涂画使其颜色过渡自然。

⑤ 用灰色补色笔（84#）涂画出镶钻和光金部分的暗部，并在右下方画出投影。用黑色（9#）加强投影的虚实。

⑥ 用灰色补色笔（84#）涂画出整个耳环的暗部、灰部。用黑色（9#）加强整个耳环的转折线、重叠线以及与物体相交处的投影，突出耳环立体感。用白色（0#）涂画金属亮部。

⑦ 用白色（0#）涂画出钻石以及金属的亮部。由于彩铅的水溶性特质，可用毛笔沾一点点水在白色彩铅涂画处晕染，令金属的光滑质感更强烈、钻石更透亮。

Tips 投影处的环境色即物体固有的颜色，可潇洒地涂抹。

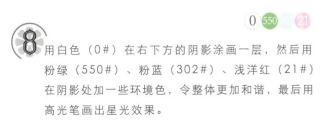

⑧ 用白色（0#）在右下方的阴影涂画一层，然后用粉绿（550#）、粉蓝（302#）、浅洋红（21#）在阴影处加一些环境色，令整体更加和谐，最后用高光笔画出星光效果。

橙子 · 珠宝设计画册 I

238

"蜓 蜓"玉 立

清晨的蜻蜓，透明光亮的翅膀，在晨光中折射出令人惊艳的光彩。正是晓帘串断蜻蜓翼，罗屏但有空青色。蜻蜓翅膀上隔断的纹理设计，透明的渐变珐琅工艺，犹如晨露中的蜻蜓，透明网状的双翼，蜻蜓静静地盘息着，等待旭阳东升的温情。蜻蜓伴随着朝阳而生，虽然渺小脆弱，却优雅地展示出自信的光芒。

材质：18K黄、红尖晶、珐琅

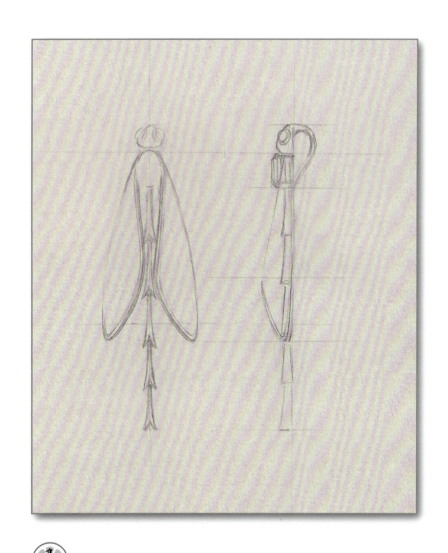

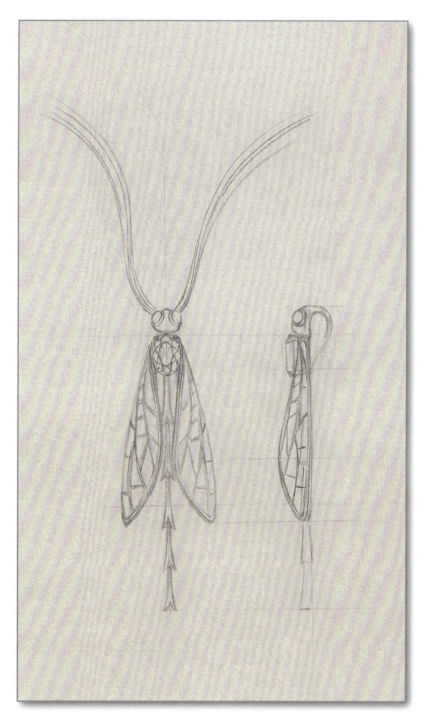

①画辅助线，先画出蜻蜓的外轮廓，然后再刻画出细节，由正视图向右作辅助线画出侧视图（高×宽：85mm×28mm）。

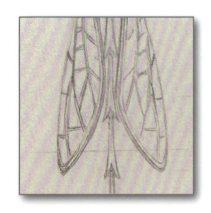

Tips 纹理用双线描画，表现出金属的宽度。

Tips 眼睛处的宝石采用的是包镶，注意它的立体透视感。

②修整造型，丰富细节。刻画细节的时候注意观察蜻蜓的结构，大致可分为头部、身体和翅膀三个部分，根据这三个部分分别去刻画，最后画出宝石的刻面。

Tips 头部凸起部分留白。

Tips 涂画出金属的颜色。

③ 用荧光黄（10#）铺出黄金的基本色调，暗部以及转折处的颜色稍重。用粉红色补色笔（200#）铺出红色宝石的暗部，主石的笔触以射线的方式由外向内涂画。

④ 红宝石的暗部用桃红色补色笔（202#）叠涂，注意不要全部覆盖之前的颜色，留一些可起到过渡的作用。整体的亮部和反光用白色（0#）涂画。金属暗部用橘色（4#）涂画。

Tips 宝石留出一些粉红色，作为宝石的过渡色调。

Tips 左边翅膀比右边翅膀亮，用白色表现出来。

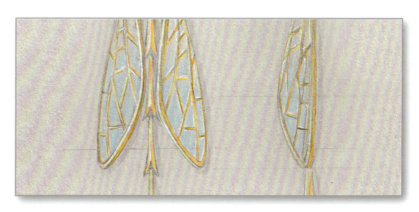

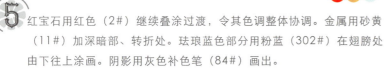

5 红宝石用红色（2#）继续叠涂过渡，令其色调整体协调。金属用砂黄（11#）加深暗部、转折处。珐琅蓝色部分用粉蓝（302#）在翅膀处由下往上涂画。阴影用灰色补色笔（84#）画出。

Tips 翅膀的蓝色由下往上涂画，笔触力度逐渐减轻。

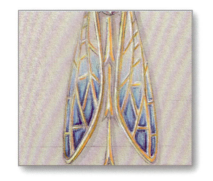

Tips 表现出蓝色的深浅变化。

Tips 靠近金属边缘颜色加重。

6 珐琅蓝色部分用蓝色（3#）沿着金属边缘加深，表现珐琅的通透感。

Tips 绿色和蓝色部分的过渡色用浅蓝色。

Tips 靠近金属边缘颜色较深。

Tips 用黑色加强暗部的轮廓线。

7　珐琅绿色部分用柳绿（50#）涂画，相邻两种颜色之间叠加涂画，使颜色过渡柔和自然。用黑色（9#）笔尖加强转折线、明暗线以及重叠线。

Tips 宝石稍微加一些黑色，让宝石的明暗对比更强烈。

244

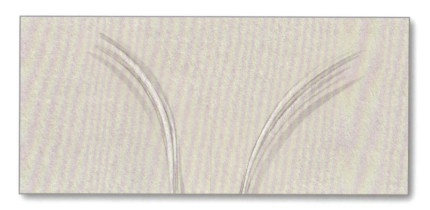

Tips 顺着绳子的方向涂画出亮部，最亮的地方可多叠涂几遍白色。

⑧ 绿色部分的珐琅用荧光黄（10#）涂画提亮，让整体的颜色色调和谐。

⑨ 用浅蓝（30#）丰富蓝色部分的色调，然后用白色（0#）沿着吊坠绳子方向涂画出亮部，表现出绳子的明、灰、暗节奏。

Tips 用高光笔沿着宝石的刻面线描画，亮部的刻面不用全涂白，以混合之前的红色，使宝石的通透感更强。

Tips 左边的金属比右边的金属亮。

⑩ 用高光笔整体提亮高光和反光部分，红宝石画出刻面线以及高光和反光刻面，最后用铅笔修顺毛边并对整体细节进行适当的调整。

一 抹 含 笑

灵感源自香若幽兰的含笑花。空凝巧倩如羞靥，晴吐浓薰已透肌。含笑绽放，在耳畔的摇曳，轻盈荡漾，散发出阵阵清淡的香味。百转千回间，格外灵动迷人，静续安格尔画中的宁静之美，含蓄和矜持，仿若心灵深处有一朵花含着微笑绽放，吐露着一寸寸的芬芳，幻化成永不凋零的生命之花。

材质：18K白、珐琅、橙蓝宝

Tips 由中心向外画辅助线，确定每片花瓣的位置。

Tips 画辅助线确定整体外框，在这个框内细化造型。

① 先画出辅助线，框定耳环的主体部分。然后以直线的方式勾勒出耳环的大轮廓和大脉络，然后在框定的主体内画出花瓣的大致轮廓线（正面视图高x宽：32mmx30mm、侧面视图高x宽：36mmx24mm、立体视图高x宽：36mmx31mm）。

② 刻画细节。先刻画花朵部分，要注意花瓣前后关系的变化，转折和叠加部分的线条加重，可表现出转折和前后关系，最后画出耳钩部分。

Tips 由受光处开始涂画白色，受光处最亮，白色可以多涂画几层，让其明暗关系渐渐呈现出来。

④ 用荧光黄（10#）铺出橙蓝宝的基本色调，然后用粉蓝（302#）涂画出花瓣的基本色调，每一片花瓣由四周向中间过渡涂画，以增强花瓣的透明质感。

③ 先用白色（0#）在受光面涂画一层，方向由高光位向灰部渐渐虚化，笔触逐渐减轻。

Tips 宝石台面的反光留白。

Tips 金属边缘的蓝色较深。

⑤ 用灰色补色笔（84#）涂画出灰部，转折面和暗部的色调较暗。

Tips 用粉蓝的相近色浅蓝丰富色调，在蓝色的暗部区域涂画。

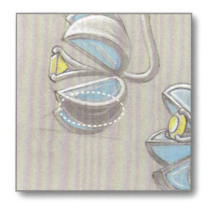

Tips 背光暗，涂画时逐渐表现出整体的明暗。

Tips 沿着金属的暗面画，表现出亮、灰、暗的节奏，受光面留白。

⑥ 用浅蓝（30#）继续涂画花瓣，令花瓣的颜色更丰富。最后用橘色（4#）涂画橙蓝宝的暗部。

Tips 用鸽灰加强金属的明暗对比。

Tips 用粉蓝的相近色青蓝色丰富色调。

7 用鸽灰（83#）继续涂画耳环的暗部。用青蓝色（37#）叠涂花瓣的暗部，使蓝色的明暗关系逐渐明显。

Tips 用鸽灰沿着金属明暗交界线画，金属边缘反光留白。

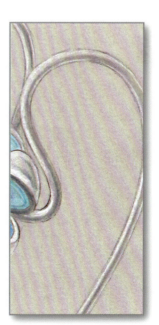

Tips 沿着耳钩方向加强明暗，立体感逐渐呈现。

橙子·珠宝设计画册 I

Tips 暗部轮廓线用黑色加强,线条要有轻重感。

Tips 宝石的刻面稍微用黑色刻画清楚。

⑧ 用蓝绿(59#)沿着花瓣方向涂画,接着用蓝色(3#)过渡,使暗部和灰部过渡自然。用黑色(9#)笔尖清晰刻画暗部、明暗交界线、重叠线和暗部轮廓线,令耳环的明暗对比强烈,突显立体感。

Tips 珐琅表面光滑，反光更强，用高光笔涂画可使珐琅的质感更明显。

Tips 用高光笔沿着金属的亮部加强高光。

9 用灰色补色笔（84#）沿着耳环画出投影，注意投影的虚实变化，靠近物体处实，然后向外渐渐的虚化，最后用高光笔提亮亮部。

良"橙"美景

水果橙的甜蜜约定,明亮艳丽的橙色,用珐琅演绎出变幻的色彩,就像我们在人生匆忙的行程间,路过很多城市,看过很多风景,然而视线里,只有你才是眼中那道最亮丽的风景。生命中与你在一起的每一刻,时而酸,时而甜,周围飘溢着浪漫、甜蜜的味道。

材质:18K白、钻石、珐琅

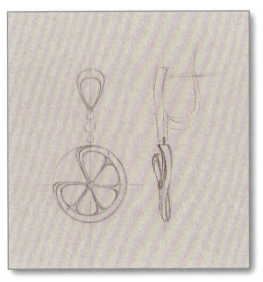
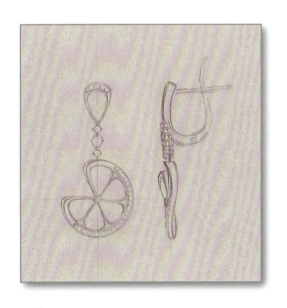
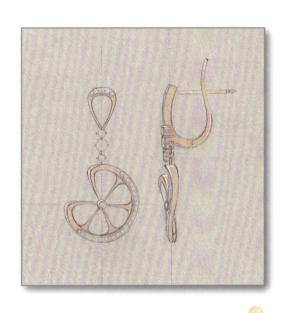

① 画垂直辅助线，耳环下半部分用20mm的圆形模板画出，然后粗略地勾勒出草图。根据耳环的正视图画出侧视图。

② 修整造型，刻画细节，画出镶嵌的宝石以及镶嵌爪。

③ 用粉陶（43#）涂画出玫瑰金的基本色调。

④ 用荧光黄（10#）涂画珐琅的基本色调。用灰色补色笔（84#）涂画出整个耳环的暗部。

⑤ 珐琅部分做渐变效果。用浅橘色（42#）加强珐琅的深色部分，用白色（0#）涂画出整个耳环的高光、反光以及钻石。

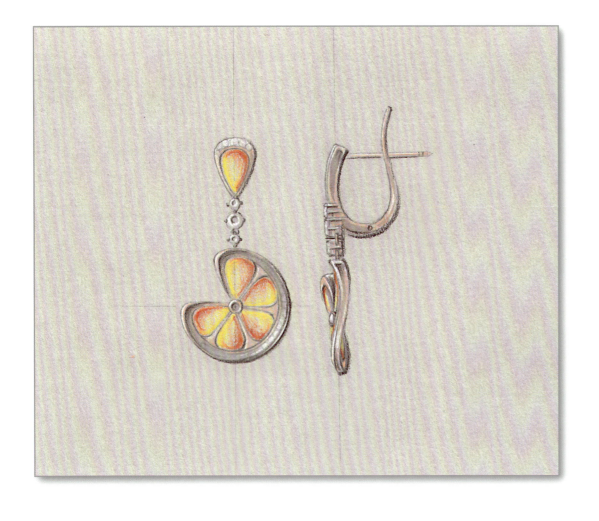

Tips 暗部的轮廓线用黑色加强,突出立体感。

6 用黑色(9#)加强耳环的明暗线、重叠线以及转折线,增强立体感。在珐琅的深色区域稍微加一些橘色(4#),浅色区域加一些黄色(1#),丰富珐琅色彩。

7 用高光笔涂画出高光、反光以及钻石和镶嵌爪。

8 用灰色补色笔(84#)加强整个耳环的暗部并在右下方画出投影,然后用黑色(9#)加强投影的虚实。

9 用铅笔修顺整个造型。珐琅部分用高光笔画一些反光,使珐琅部分更有质感,最后画出星光。

橙子·珠宝设计画册 I

勿忘

纵然离开生命之水、生命之光、生命之本，它依然美如初、花如故。它在用心灵告诉恋人们，无论海角天涯，请不要忘记我。珐琅与彩色宝石搭配，将清秀隽逸的勿忘我花朵幻化为永恒印记萦绕指尖，紫尖晶的神秘与勿忘我的优雅花姿结合，娓娓诉说着爱人间的相思之情。

材质：18K黄、钻石、紫尖晶、绿尖晶

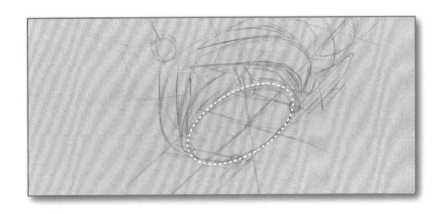

Tips 主石的透视是一个椭圆,先确定出椭圆的位置再画出它的镶嵌爪。

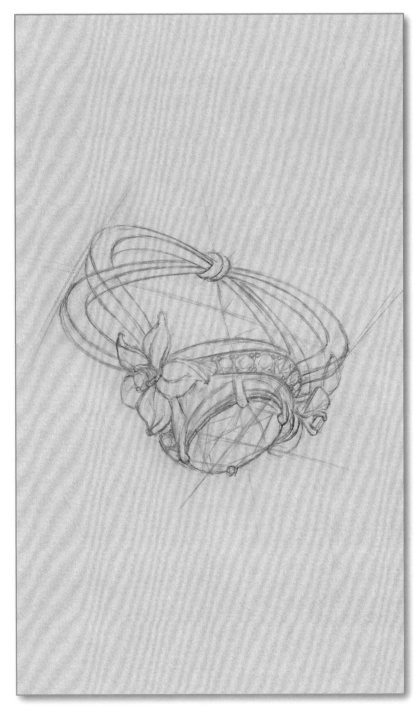

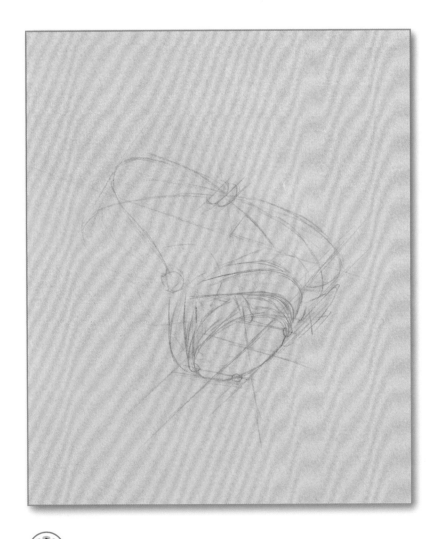

① 先定出各个点的位置,然后画出辅助线,在辅助线上定出各部分之间的位置关系,然后画出草图(高×宽:60mm×72mm),笔触尽量轻,方便后期涂抹修改。

② 修整草图,丰富戒指的细节。注意戒指的透视关系和厚度的变化,近大远小。明暗交界线、重叠线用笔的力度可加重,线条要有轻重的变化。最后画出镶嵌的宝石以及刻面。

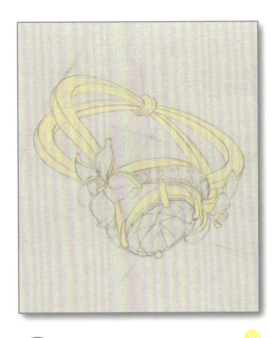

③ 金属用荧光黄（10#）涂画一遍。

④ 用土黄（16#）画出金属的暗部，用白色（0#）提亮高光和反光部分。

⑤ 用黑色（9#）加强金属暗部，然后用砂黄（11#）过渡。

Tips 受光源影响，宝石受光面亮，背光面暗。

⑥ 用白色（0#）涂出金属的高光、反光以及花朵和宝石的亮部。

⑦ 用荧光黄（10#）画出金属映射到宝石上的环境色，用薰衣草紫（62#）涂画出主石的固有色，花朵用绯红（24#）涂一层底色。

⑧ 用相近色薰衣草紫（62#）、品红（20#）和木槿紫（61#）叠涂花朵，丰富色调。用紫色（6#）加强主石暗部刻面。

⑨ 用鸽灰（83#）在宝石镶口部分涂画。花朵用木槿紫（61#）加强暗部。主石用黑色（9#）强调刻面线。绿尖晶先用柳绿（50#）涂画一层，最后用正绿（5#）叠涂暗部。

⑩ 用铅笔画出投影的形状。

⑪ 用鸽灰（83#）在投影处先涂画一层，依次用紫色（6#）在紫尖晶投影处、用土黄（16#）在金属的投影处涂画出环境色，用黑色（9#）稍微加强投影的虚实。

Tips 沿着金属边画出金属的高光。

⑫ 用高光笔提亮，画出钻石以及戒指的高光和反光，最后画出星光效果。

Tips 在宝石台面稍微画一些斜线，表现出宝石台面的反光效果。

紫 露 草

灵感来源于平凡而美丽的紫露草，花色以紫色为主。紫露草花的生命极其短暂，在晨露中绽放，在正午时凋谢，但仍旧有属于自己的美丽传说，就像岁月里从容绽放的女子，低调优雅。紫露草耳环采用珐琅工艺，周围弧面点缀闪耀的钻石，金属表面拉丝工艺，使紫露草花浓而宁静的紫得到了展现。即使生命短暂，却不负时光，依旧全力绽放。

材质：18K白、钻石、珐琅

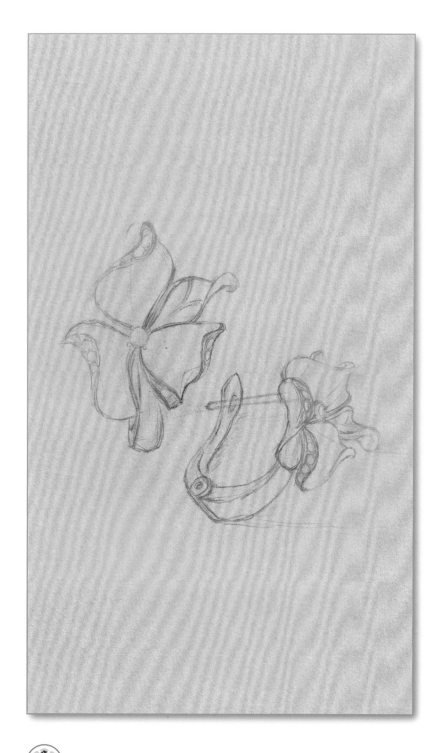

Tips 沿着金属边缘涂白色。

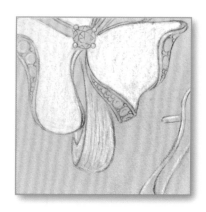

Tips 耳拍部分用铅笔画一些纹理，用白色涂画出耳拍亮部。

① 先确定花心的位置，画出钻石，然后由钻石向外延伸勾勒出花朵的造型。丰富细节，画出镶嵌的钻石以及钉。画完花朵造型之后画出耳拍的形状。根据耳环的正面图画出立体结构（耳环正面高×宽：62mm×49mm、侧面图高×宽：46.5mm×55mm）。

② 由于纸张是灰卡纸，为使颜色更鲜艳，先用白色（0#）涂画一层底色。

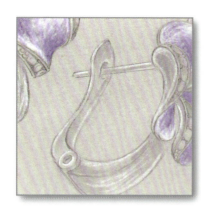

Tips 靠近边缘区域的颜色较深。

Tips 背光暗，受光亮，明暗交界的地方最暗。

③ 花朵采用的是珐琅工艺。用薰衣草紫（62#）涂画出花瓣的基本色调，高光以及反光部分留白，注意过渡要自然。

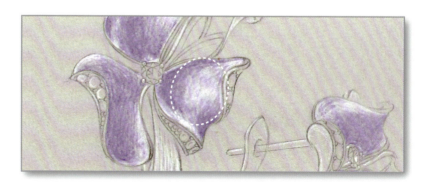

④ 叶子部分的珐琅用柳绿（50#）涂画出基本色调，靠近金属边缘颜色加深，可增强珐琅的通透感。用灰色补色笔（84#）涂画出钻石、金属以及耳拍部分的暗部。

Tips 花瓣凹下去部分的颜色较深，凸起部分的颜色较浅。

Tips 重叠的线条加重。　　Tips 靠近物体处的投影较重。

⑤ 叶子部分的珐琅做渐变效果，加一些柠檬黄（12#）令叶子显得更鲜嫩。花瓣部分用紫色（6#）由花心向外做拉丝状的涂画。用鸽灰（83#）涂画金属和耳拍的暗部并沿着耳环画出阴影效果。

Tips 由花心向外的方向画拉丝。　　Tips 强调明暗交界的部分。

⑥ 用黑色（9#）加强最暗部位、转折位、重叠线以及投影虚实的过渡，增强立体感。

Tips 用紫色相近色丰富暗部的颜色。

Tips 用灰色补色笔轻轻覆盖钻石的暗部。

⑦ 用高光笔画出高光、反光以及钻石，然后用铅笔修整毛边。为使暗部与灰部过渡自然，用灰色补色笔（84#）轻轻覆盖暗部的钻石突显立体感。在花瓣的暗部用木槿紫（61#）涂画一层，丰富花瓣的色调。

⑧ 叶子部分用青绿（52#）沿着金属边缘加重珐琅色调，增强透明珐琅质感。

⑨ 最后用高光笔画出星光效果，星光由中心向外拉丝画出。

兰 花 草

依稀记得童年萦绕耳畔的《兰花草》,从山中采来的兰花草,不像牡丹那样雍容华贵,也不像玫瑰那样,浓艳芬芳,有一股来自山涧的清新淡雅,绽放于指尖,添得一抹兰花香,不随俗,不娇媚,不显贵。"朝朝频顾惜,夜夜不相忘"。如同一首绽放在心灵深处思念的歌,留下缕缕馨香。

材质:18K白、钻石、黄蓝宝、珐琅

① 先用铅笔轻轻画出戒圈，然后在戒圈的中心位置定出兰花草各部分的位置、形状、大小以及比例（高×宽：50mm×54mm）。

② 修整造型，刻画细节。注意画出花瓣和叶子的厚度，用铅笔以弧线的方式沿着戒圈画出投影。

③ 先用白色（0#）涂画出戒指的明暗关系。

④ 用柠檬黄（12#）涂画叶子。花瓣用浅洋红（21#）涂画，在花瓣的周围可添加一些环境色，让整体看起来相呼应，最后用补色笔（84#）在戒指的灰部涂画。

⑤ 用柳绿（50#）继续涂画叶子，涂画时留出一些黄色作为叶子亮部的色调。花瓣稍微加一些薰衣草紫（62#），使花瓣的色调更加丰富。

Tips 做拉丝状的笔触涂画，由内向外，表现出花瓣纹理的效果。

⑥ 叶子继续用正绿（5#）涂画，注意由内而外的笔触逐渐减轻。花瓣用浅蓝（30#）由内而外顺着花瓣的形状涂画，笔触逐渐减轻。

⑦ 花瓣的蓝色和粉色部分用薰衣草紫（62#）过渡。用柳绿（50#）过渡叶子亮部和暗部。用黑色（9#）刻画戒指暗部，加强明暗交界线。

⑧ 用粉绿（550#）过渡叶子部分的颜色，然后用黑色（9#）继续刻画戒指。

⑨ 花心用荧光黄（1#）涂画，然后用橘色（4#）画出暗部，最后用高光笔画出钻石以及珐琅部分的高光和反光以及星光效果。

幸 运 草

据传四叶草是由夏娃从天国伊甸园带到大地上的，而四叶草的每一片叶子，都带着祝福。四叶草吊坠的叶子采用代表温暖的18K黄金，加上珐琅以及钻石的组合，别具一格。它代表人生梦寐以求的4样东西：健康、爱情、名誉和财富。4片叶子紧密相连，轻盈灵动，悬挂于颈间，仿若幸运时刻相伴。

材质：18K黄、钻石、珐琅

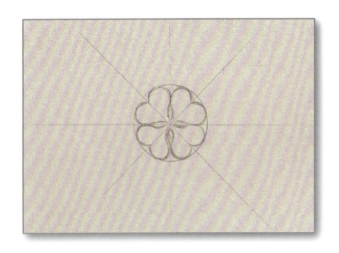
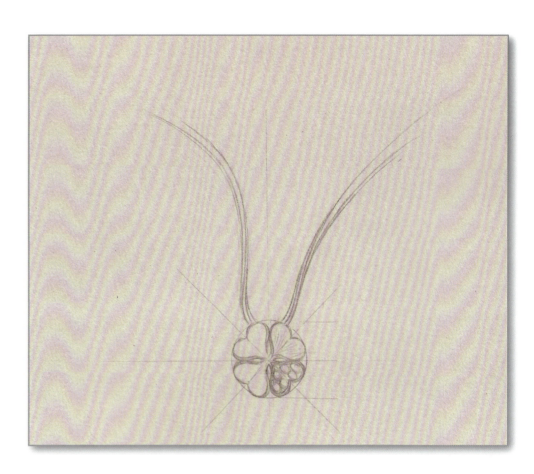

① 画辅助线，用圆形模板（20mm）确定四叶草的大小，然后画出四叶草的造型。

② 修整造型，刻画出四叶草的细节。画出镶嵌的宝石，吊坠的绳子由重到轻，后面渐渐虚化。

③ 先用荧光黄（10#）涂画出18K黄的基本色调，珐琅部分用柳绿（50#）由内向外涂画。

④ 用黄色（1#）加深金属暗部，用正绿（5#）加重珐琅深色部分，用白色（0#）提亮亮部。

⑤ 用砂黄（11#）继续加深金属暗部。

6 用灰色补色笔（84#）沿着整个造型的右下方画出阴影以及钻石的暗部，增强立体感。

7 用黑色（9#）加强边缘线，增强立体感，注意表现虚实的力度要掌控好。

Tips 用高光笔沿着金属边缘涂画，令金属质感更强。

8 用白色（0#）顺着绳子涂画出亮部，加强明暗对比，用高光笔画出整个吊坠的高光、反光以及钻石，最后用铅笔修整毛边。

Tips 绳子亮部的白色多叠加几层。

鱼"悦"

灵感源自颜色丰富多彩的斗鱼。鱼儿在水中尽情欢快地摇曳着,像舞者不断地变幻着曼妙的身姿,它美丽的尾巴就像轻盈的裙摆。由彩色宝石幻化出的片片鱼鳞,熠熠闪烁,仿若身披银亮的盔甲。无论天涯还是海角,勇往直前,直到抵达那向往的星辰大海。

材质:18K白、钻石、紫尖晶、蓝色托帕石

1. 画垂直辅助线，确定孔雀鱼的宽度和高度，然后勾画出草图（高×宽：49mm×75mm）。

2. 丰富鱼的造型，画出镶嵌的宝石。

Tips 画出转折面的厚度，表现出立体感。

Tips 由圆形渐变到椭圆表现出鱼身微卜的立体感。

3. 用橡皮泥轻粘以减淡草稿，然后再用铅笔描画，令整个造型更加精致。将重叠线、转折线条加重，突显立体感。最后画出配石，注意转折处和弧度位置配石的画法，由正圆形渐变到椭圆形。

Tips 涂画鱼鳍和鱼尾部分时，笔触方向由内向外以拉丝的方式涂画，颜色由深至浅。

④ 用粉蓝（302#）涂画鱼眼睛和鱼身，用薰衣草紫（62#）涂画鱼的腹部，然后用白色（0#）涂画出亮部以及白钻部分。

Tips 用白色涂画鱼身中间，表现出鱼身凸起的效果。

Tips 镶钻石部分用白色涂画出最亮的部分。

⑤ 用浅蓝色（30#）继续涂画蓝宝石以及蓝色部分的珐琅，最后用灰色补色笔（84#）涂画灰部，令整个造型的立体效果更为强烈。

⑥ 用浅洋红（21#）由鱼尾向内涂画。用薰衣草紫（62#）涂画鱼尾中段，并作为浅洋红和蓝色的过渡色调，令整个色调过渡自然。

⑦ 用蓝色（3#）加深蓝宝石和蓝色珐琅部分的暗部，用品红（20#）加深鱼尾部的暗部，最后用白色（0#）提亮。

⑧ 用高光笔勾画出亮部，勾画圆钻时以打圈的方式进行。鱼身部分由亮部逐渐向暗部过渡去勾画，勾画的面积逐渐缩小。勾画出鱼鳍白钻部分，鱼尾珐琅部分可稍微添加一些白色，令其质感更强烈。

Tips 蓝色部分加一些黑色，可令珐琅的明暗关系更明显。

❾ 用黑色（9#）笔尖加强整个造型的暗部，然后用灰色补色笔（84#）沿着斗鱼造型画出投影，突显整体的立体感。用高光笔画出珐琅部分的反光，最后画出星光效果。

Tips 由于珐琅的表面光滑，因此反光比较强烈。涂画反光处时顺着鱼尾方向的纹理涂画，可令珐琅更加有质感。

碧玺篇

碧玺又称愿望石，自身带有微弱的能量，因"碧玺"与"避邪"谐音，故常被人们用作驱邪纳福的宝石。相传在古代有一支葡萄牙探险队，发现一种闪耀着七彩霓光的宝石，似落入人间的彩虹，这就是多色碧玺蒙上的神秘色彩。多色碧玺因所含微量矿物元素的不同，使碧玺组合成红蓝、粉绿等多种颜色。本篇章以多色碧玺缤纷的色彩为灵感，尽显其神秘之感。

冰 川 烈 焰

灵感源自傲雪中的寒梅，缠绕着双色碧玺绽放枝头，开得分外妖娆。梅花披雪生寒香，一个色彩纯丽，一个清香淡雅；一个热情，一个冰冷。红白相映，仿若一场跨越界线的旷世爱恋：雪，为你蝶舞一生的情殇；梅，为你嫣然的绽放暗香。

材质：18K白、双色碧玺、红宝石、蓝宝石、钻石

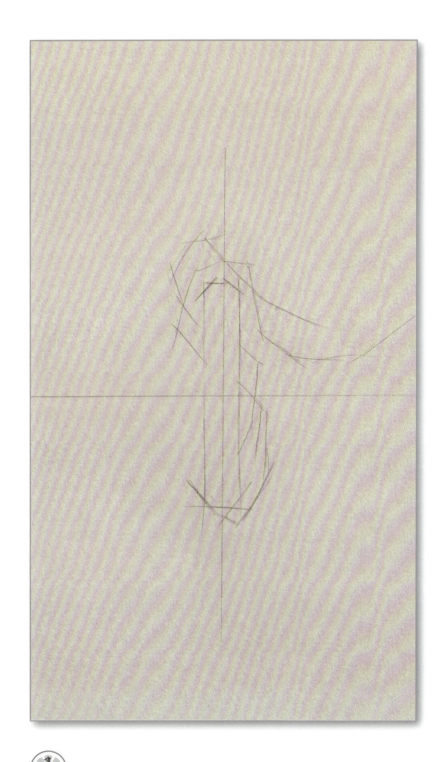

Tips 梅花形状的大小变化,富有节奏感。梅花的形状可借助圆形模板圈画。

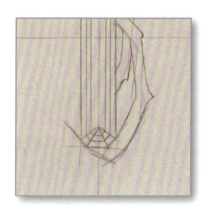

Tips 碧玺采用的是祖母绿切割形状,注意其切割面的画法。

① 画垂直辅助线,在中心位置先用直尺画出主石双色碧玺的形状,然后粗略地勾勒出胸针整体的大致轮廓(胸针尺寸高×宽:77mm×68mm)。

② 逐步刻画出细节,主石碧玺可以用直尺做辅助画出它的刻面线。

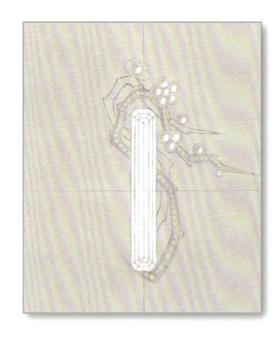

③ 修整造型，刻画细节。画出树枝镶嵌的边以及镶嵌的钻石。

④ 先用白色（0#）涂画一层底色，红宝石和蓝宝石则在暗部反光位涂画。

⑤ 黑色的树枝做18K金属电黑，用黑色（9#）或任意黑色笔涂满整枝树枝。

⑥ 蓝宝石用浅蓝（30#）、红宝石用浅洋红（21#）分别在各自宝石的暗部涂画。

⑦ 碧玺的上段用粉红色补色笔（200#）、中段用粉绿（550#）、下段用浅蓝（30#）涂画，注意相邻两种颜色的过渡处可直接叠加涂画，使其融合、过渡自然。

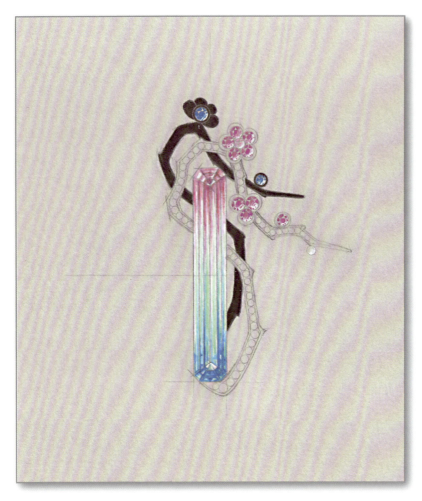

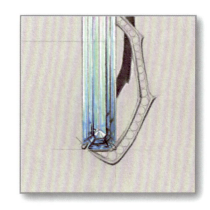

⑧ 碧玺的上段用木槿紫（61#）、下段用深蓝色补色笔（37#）加深暗部，红宝石的暗部用桃红色补色笔（202#）加深。用补色笔涂画的时候，切忌反复涂画。

Tips 注意沿着碧玺刻面线用黑色笔尖加深其暗部，可令宝石更通透。

Tips 加重宝石背光处的线条，可令其立体感更强烈。

Tips 用桃红色补色笔涂画红宝石暗部，笔触由暗部逐渐向亮部过渡涂画

Tips 用深蓝色补色笔涂画蓝色宝石的暗部

⑨ 用黑色（9#）在碧玺的上段和下段暗部加一些黑色，加强胸针暗部线条，使其对比强烈，画出碧玺镶嵌的爪。

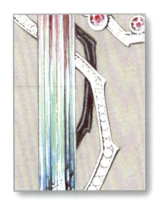

Tips 高光笔画钻石时，暗部的钻石只需在其亮部涂画。

Tips 高光笔画钻石时，亮部的钻石涂满整个圆圈。

⑩ 用红色补色笔（2#）提亮碧玺上段以及红色宝石，令其颜色更鲜艳，然后用高光笔画出钻石、金属，以及整个胸针的高光以及反光部分。

⑪ 用铅笔修整毛边。用灰色补色笔（84#）画出镶嵌钻石部分的暗部，突显立体感。

⑫ 用鸽灰（83#）在右下方涂画出阴影，再用黑色（9#）加强阴影的虚实关系。用粉蓝（302#）、浅洋红（21#）涂画出环境色，用白色（0#）表现出阴影的透光效果。

君 子 之 兰

灵感来源于纯洁淡雅的"君子之花"——玉兰花。钻石线条构成的玉兰花花枝低回婉转,枝头上点缀的红色碧玺犹如娇柔绯红的花蕾含苞待放,闪烁出耀目光芒。玉兰花在花团锦簇中吐艳,清馨不浊的幽香沁人心脾,每片花瓣上都凝着一层淡淡的从容,渲染出动人心魄的灵动之美,双色碧玺在玉兰花的衬托下熠熠生辉。

材质:18K白+玫瑰金、双色碧玺、钻石、红宝石

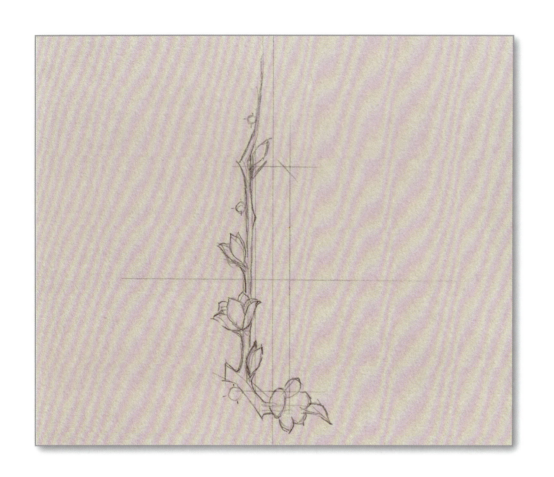

Tips 玉兰花开放的各种造型，令整体更生动，富有韵味。

1 用直尺画出碧玺，以玉兰花为设计元素，沿着碧玺的形状设计出胸针的造型（胸针尺寸高×宽：90mm×32mm）。

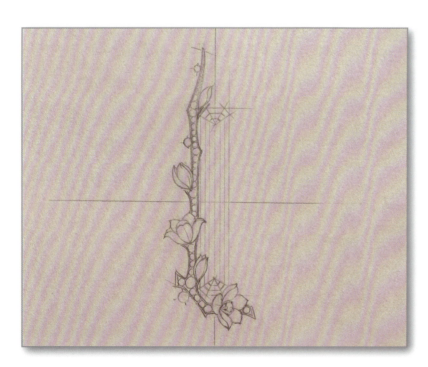

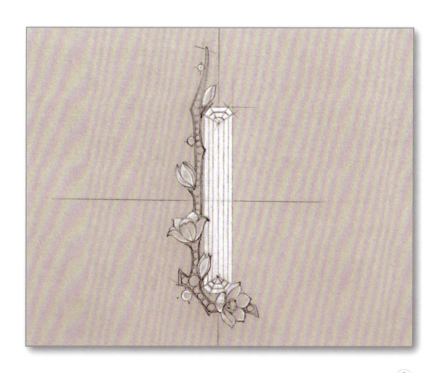

2 修整造型，刻画细节。画出碧玺的刻面，沿着树枝画出钻石镶嵌的边以及钻石。

3 碧玺先用白色（0#）涂画一层，以便后期提亮。玉兰花亮部、高光以及反光涂画一层白色。

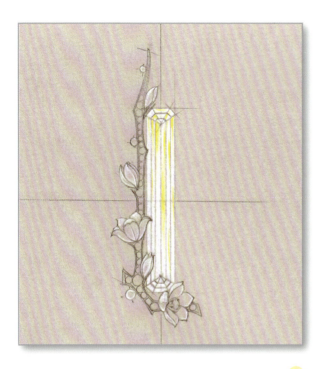

④ 双色碧玺绿色以及绿色和红色交接部分涂画一些柠檬黄（12#），作为其过渡色调。

⑤ 碧玺上段用浅绿色补色笔（51#）、下段用粉红色补色笔（200#）涂画。

⑥ 用桃红色补色笔（202#）涂画碧玺上段的暗部以及树枝上的红色碧玺，注意留出反光。用粉陶（43#）涂画出玉兰花的基本色调。

Tips 用红色补色笔沿着碧玺刻面线稍微加深暗部，令其明暗对比更强烈，颜色更加丰富。

Tips 加深玉兰花背光部分，注意虚实的变化。

⑦ 用红色补色笔（2#）继续加强碧玺红色部分的暗部。玉兰花用绯红（24#）加强金属暗部。

Tips 沿着碧玺的刻面线用黑色加强，可令碧玺的明暗对比更强烈。

⑧ 用黑色（9#）笔尖画出宝石的爪以及加强整个胸针的明暗交界线、重叠线以及转折线，增强立体感。

⑨ 用高光笔涂画出玉兰花的高光以及反光，画出钻石以及金属边并点出钉。碧玺沿着刻面线稍微用高光笔加一些白色，加强碧玺的通透感。

⑩ 用铅笔修整毛边。用鸽灰（83#）在主石右下方画出投影的大概位置。

Tips 涂画出碧玺在投影处的环境色。

⑪ 用鸽灰（83#）在右下方涂画出投影并用黑色（9#）过渡投影的虚实。用粉绿（550#）、浅洋红（21#）涂画出环境色并用白色（0#）轻轻覆盖使其融合。

Tips 玉兰花受碧玺绿色颜色的影响，涂画一些绿色。

凌 波 仙 子

灵感来源于素有"凌波仙子"之称的水仙。"凌波仙子生尘袜,水上轻盈步微月"。不追逐浮华虚慕,仅凭一勺清水、几粒石子,就能换来春意盎然。以简单的线条勾勒出水仙盛开的造型,花茎用钻石铺陈,花瓣用红宝点缀,花蕊在鲜明的曲线吐纳之间,散发着淡淡的清香。水仙环绕着蓝绿双色碧玺盛开,尽显优雅姿态,栩栩如生。

材质:18K玫瑰金、碧玺、钻石、红宝石、蓝宝石

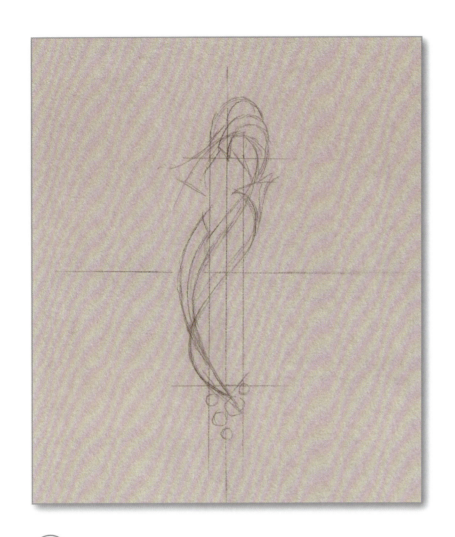

Tips 把握花瓣的结构，画出水仙花的立体感。

Tips 注意碧玺刻面的画法，可借助直尺画刻面。

① 画垂直辅助线，在中心位置用直尺画出碧玺的形状，以水仙花为设计元素，沿着碧玺的形状设计出胸针的造型（胸针尺寸高×宽：90mm×28mm）。

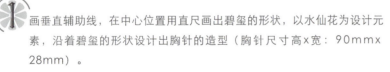

Tips 水仙花像一个喇叭的形状，先勾勒出形状之后再刻画出细节。

② 修整造型，刻画细节。画出碧玺的刻面，水仙花瓣和叶脉做有边钉镶镶嵌，画出它的边以及镶嵌的宝石。

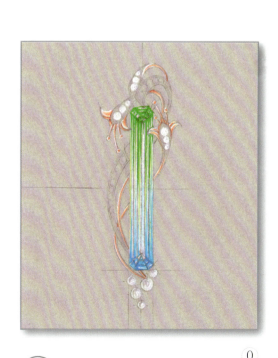

Tips 涂画金属色时，由于金属的光泽感较强，注意留出金属的高光和反光，金属的暗部可多涂画几遍，表现出金属的明暗效果。

③ 先用白色（0#）在碧玺、蓝宝石水仙花亮部、高光以及反光涂画一层白色，然后用粉陶（43#）涂画出金属的基本色调。

④ 碧玺上段用粉绿（550#）、下段用浅蓝（30#）涂画，然后中间用柠檬黄（12#）过渡。

⑤ 碧玺上段用浅绿色补色笔（51#）下段用浅蓝色补色笔（313#）涂画，金属用绯红（24#）加深暗部。

⑥ 为使宝石颜色更鲜艳。红宝石和蓝宝石用白色（0#）涂画一层底色。

Tips 为表现出蓝宝石的通透感,用浅蓝色补色笔涂画时注意留出白边。

Tips 注意涂画红宝石时留出亮部和反光,宝石的暗部(即深色部分)可多涂画一遍。

7 红宝石和蓝宝石的基本色调分别用粉红色补色笔(200#)、浅蓝色补色笔(313#)涂画。用黑色(9#)加强整个胸针的暗部以及重叠线、转折线、明暗线,增强立体感。

⑧ 红宝石和蓝宝石的暗部分别用桃红色补色笔（202#）、深蓝色补色笔（37#）加强；用高光笔涂画出整个胸针的高光、反光，钻石以及钉镶部分的金属边。

⑨ 用黑色（9#）加强重叠线、转折线，令立体感更强烈并用高光笔画出爪镶的爪；用红色补色笔（2#）加强红宝石的暗部。

Tips 用铅笔圈画出钻石的钉，注意线条的轻重，受光轻背光重。

⑩ 用鸽灰（83#）在右下方涂画出阴影，然后用黑色（9#）过渡投影的虚实；分别用粉蓝（302#）、荧光黄（10#）涂画出环境色；用白色（0#）过渡投影，使各个颜色融合，最后用铅笔修整毛边。

Tips 涂画环境色时只需稍微涂画一些即可。

寻 鹿

在深邃寂静的山谷，灰色的薄雾笼罩，远处传来一声鸣叫，在幽幽的空谷回响，寻不见它的影子。只见一个敏捷的身子在林间纵跃，仿若精灵。忽而停歇在林涧，水中倒映着它的身影，若隐若现，渐渐又隐没在白雾之中。阳光穿透层层密林，借此追寻着它的影子。寻鹿，亦寻路。

材质：18K黄、双色碧玺、钻石、橙蓝宝

① 用直尺画出碧玺,以鹿为设计元素,沿着碧玺的形状设计出胸针的造型(胸针尺寸高×宽:74mm×32mm)。

② 修整造型,刻画细节。用橡皮泥轻粘减淡线稿,然后再描画一遍造型,画出碧玺的刻面以及宝石的形状。

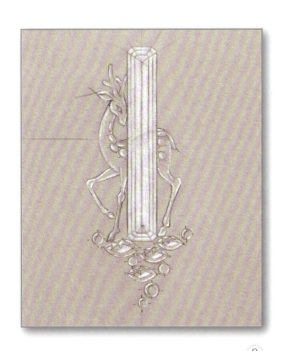

③ 碧玺、金属和橙蓝宝先用白色(0#)涂画一层底色,以便后期提亮。

④ 双色碧玺涂画一些荧光黄(10#),作为其底色。

⑤ 碧玺上段用柳绿(50#)、下段用浅橘(42#)涂画。

Tips 橙色和绿色用它们的相近色黄色作为过渡色,可使橙色和绿色颜色过渡自然。

⑥ 碧玺上段用正绿(5#)、下段用绯红(24#)加深碧玺暗部。

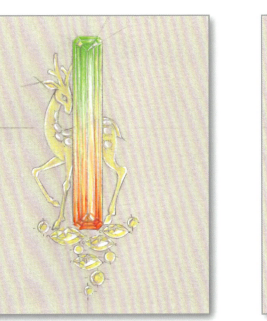

⑦ 用荧光黄(10#)涂画出金属和橙蓝宝的基本色调。

⑧ 金属和橙蓝宝用浅橘(42#)涂画出它们的暗部。

⑨ 橙蓝宝先用洋红色(29#)继续加深暗部,然后用绯红(24#)过渡暗部和亮部。

橙子·珠宝设计画册Ⅰ

308

橙子·珠宝设计画册Ⅰ

Tips 黑色笔触由上至下地加深刻面线。

Tips 碧玺与鹿轮廓线重叠加深。

Tips 加深宝石背光处的轮廓线。

10 用黑色（9#）加深暗部的轮廓线、宝石的刻面线。

❾

Tips 加深鹿暗部的轮廓线。

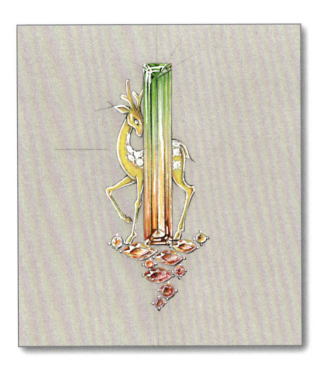

⑪ 用高光笔画出钻石,提亮整体的高光和反光部分。

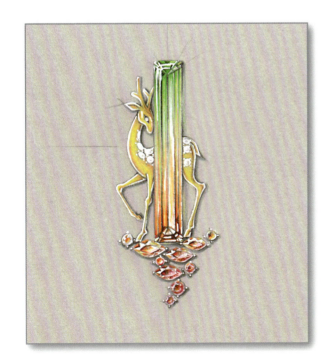

83 9 10 50

⑫ 先用鸽灰(83#)涂画出阴影,再用黑色(9#)加强虚实,最后用荧光黄(10#)、柳绿(50#)在投影处涂画出环境色。

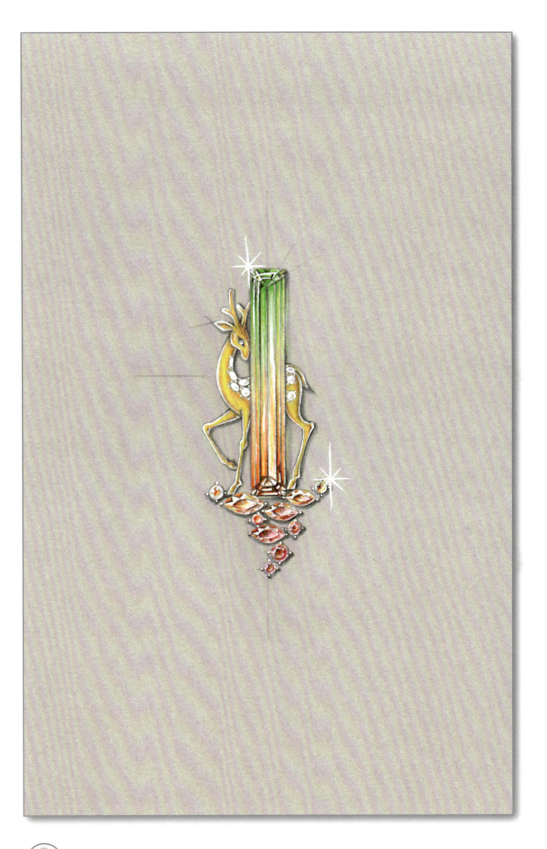

⑬ 用铅笔修整粗糙的毛边,最后用高光笔画出星光效果。

结 缘

蝴蝶结不仅是甜美与浪漫的象征,更是爱侣间彼此情感的连结。本次主题从蝴蝶结出发,将柔情的钻石丝带缠绕双色碧玺打上爱的绳结,跨越着时间与空间的阻碍,命运从此紧紧相连。蝴蝶结柔软的姿态更令金属少了刚硬感,增添了一抹轻灵的气息,呈现出浓情蜜意的浪漫。

材质:18K玫瑰金、双色碧玺、钻石

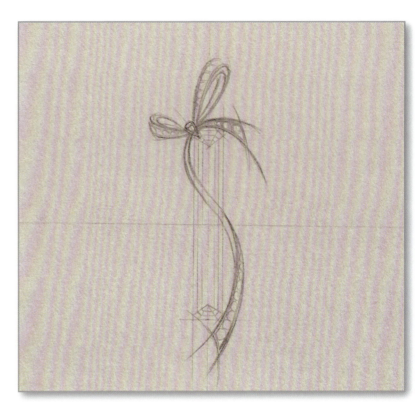

① 用直尺画出碧玺，以蝴蝶结为设计元素，沿着碧玺的形状粗略地画出胸针的造型（胸针尺寸高×宽：80mm×28mm）。

② 修整造型，刻画细节。用直尺辅助画出碧玺的刻面，画出蝴蝶结丝带镶嵌的边以及镶嵌的宝石。

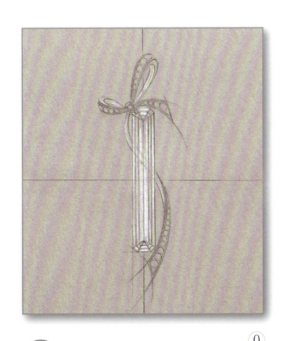
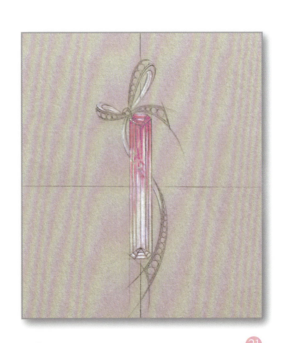

③ 碧玺和金属部分先用白色（0#）涂画一层。

④ 双色碧玺红色部分用浅洋红（21#）从上至下涂画。

⑤ 双色碧玺绿色部分用粉绿（550#）从下至上涂画。

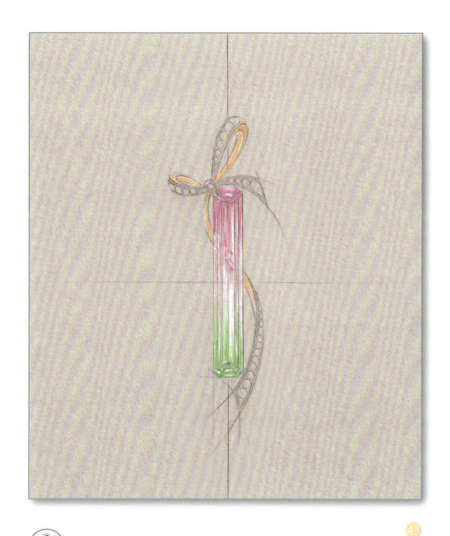

Tips 涂画玫瑰金时，背光处的笔触力度可加重。

Tips 金属的光泽感极强，注意留出白边表现出金属反光。

⑥ 蝴蝶结以玫瑰金作为金属材质，用粉陶（43#）涂画出金属的基本色调。

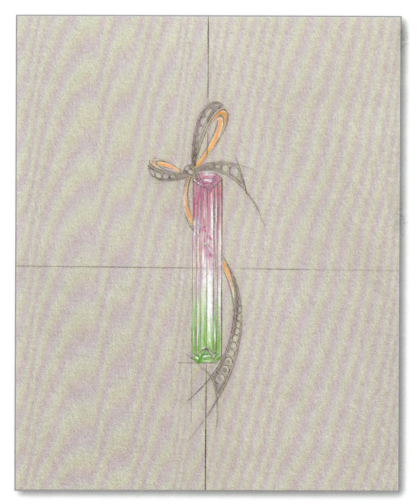

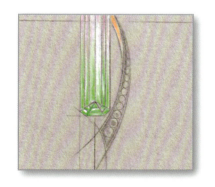

Tips 用灰色补色笔涂画时，转折部分笔触力度较重，凸起部分轻轻表现或者留白。

⑦ 蝴蝶结镶钻石部分用灰色补色笔（84#）涂画其暗部与灰部，增强其立体感。

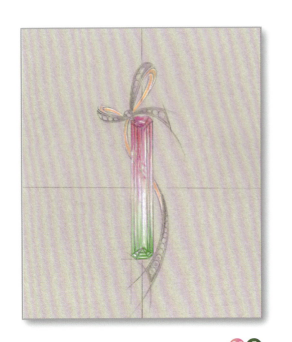

⑨ 用铅笔画出镶嵌双色碧玺的爪，并用粉陶（43#）涂画出金属色以及透射到碧玺上的金属丝带。

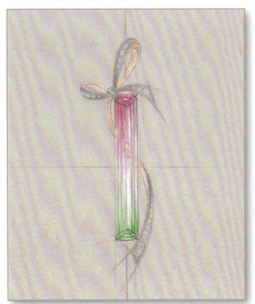

⑧ 双色碧玺红色部分用品红（20#）、绿色部分用正绿（5#）叠加涂画，加深碧玺深色部分。

⑩ 用高光笔涂画出整个胸针的高光、反光、钻石以及钉镶边。

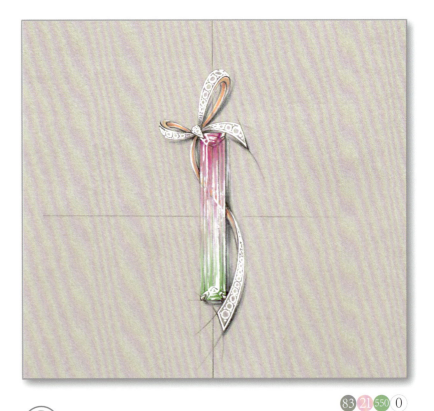

⑪ 玫瑰金的暗部用红褐色（72#）加强。用黑色（9#）加强整个胸针的暗部、转折线以及明暗线。

⑫ 用鸽灰（83#）在右下方涂画出阴影，用浅洋红（21#）、粉绿（550#）涂画出碧玺在阴影处的环境色，然后用白色（0#）表现出阴影处的反光效果。

Tips 注意用高光笔涂满钻石，从亮部逐渐过渡到暗部。

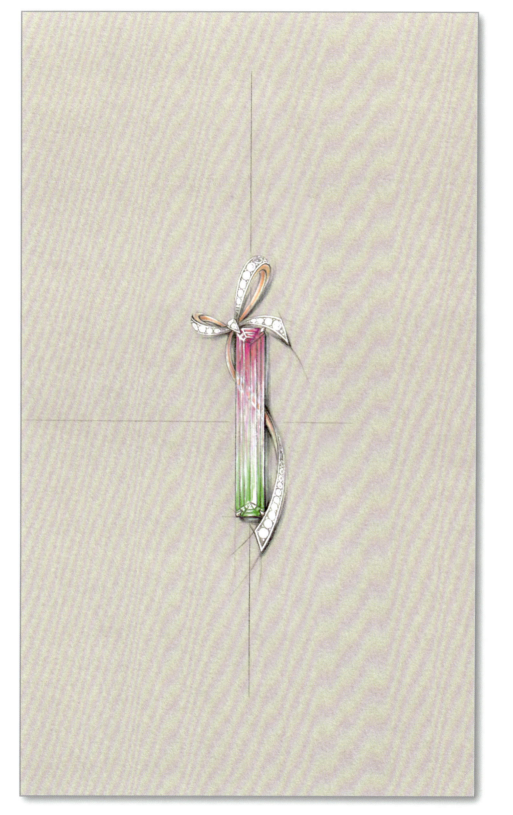

13 用高光笔画出钻石、提亮高光以及反光，然后用灰色补色笔（84#）轻轻覆盖钻石的暗部，突显立体感，最后用铅笔修整毛边。

Tips 用铅笔圈画出钻石的爪。

Tips 用灰色补色笔轻轻覆盖金属高光部，让其过渡柔和

Tips 轻轻覆盖镶钻部分的暗部。

仙 鹤 篇

  仙鹤寓意延年益寿，在古代是"一鸟之下，万鸟之上"，是仅次于凤凰的"一品鸟"。因此，明清一品吏的官服上编织图案就是仙鹤。仙鹤独立翘首远望，羽色素朴纯洁，体态飘逸雅致，风姿清丽潇洒，给人一股仙风道骨之气。本篇章以仙鹤为题材，展现仙鹤或高傲地仰天放歌，或欲冲天高飞，或傲然立于碧波荡漾湖边的优雅之姿。

鹤舞清影一

撷取最具东方文化特征的吉祥物仙鹤做为灵感来源。鹤有着独特的颜色，黑白分明，铁血丹心。身姿修长流畅，银衣白裙飘飘，举止潇洒，神采飘逸，大有仙风道骨之态。以18K金镶嵌白钻和墨玉，尽显仙鹤的儒雅之姿。给人一种唯美、灵动的东方意境。

材质：18K白、红宝石、钻石、墨玉

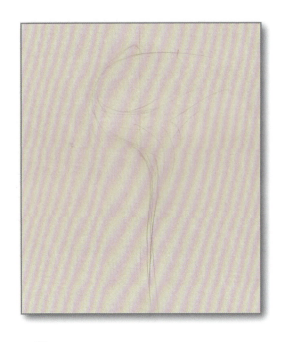

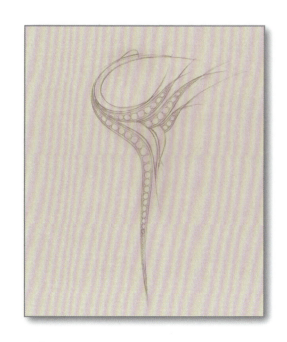

① 起形。用铅笔勾画出仙鹤形状（高×宽：66mm×32mm）。

② 丰富仙鹤的细节。

③ 用圆形模板圈出钻石。加强明暗交界线、重叠线，突显立体感。

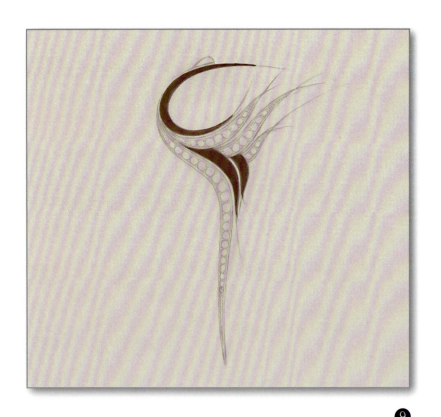
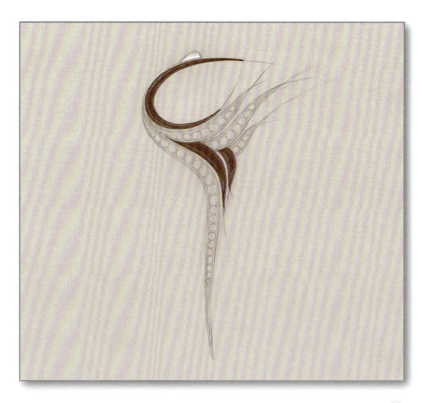

④ 黑色部分用18K金做电黑效果，因此用黑色（9#）涂满黑色区域。

⑤ 用白色（0#）涂仙鹤头部的红宝石以及黑色部分的亮部。

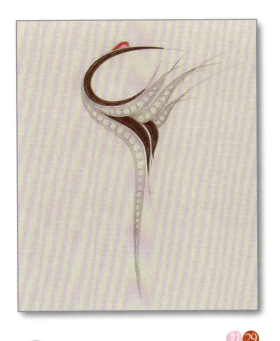

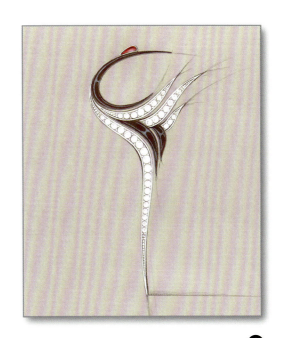

6 用浅洋红（21#）涂画红宝石，接着用洋红色（29#）加深暗部。

7 用高光笔勾画出金属以及钻石，点出钻石的钉。

8 用高光笔以打圈的方式涂画出钻石，画出黑色部分的光泽，然后用黑色（9#）加强轮廓线。

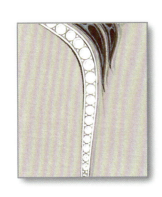

Tips 涂画投影时注意虚实关系的表现。

Tips 用铅笔画出钉的形状。

9 用高光笔点出红宝石的高光，用灰色补色笔（84#）沿着造型在右下方画出投影，然后用鸽灰（83#）加强投影的虚实，最后铅笔修整粗糙的毛边。

鹤 舞 清 影 二

灵感来源于仙鹤单腿独立时翘首远望的优美姿态。仙鹤是高贵的一种象征，代表长寿、富贵。雪一样洁白的羽毛，头顶镶嵌的红宝石，单腿独立，旋转，仿若在芦苇荡中翩跹起舞的少女，高雅华贵。

材质：18K白、钻石、红宝石、翡翠

Tips 反带部分转折处画出金属的厚度。

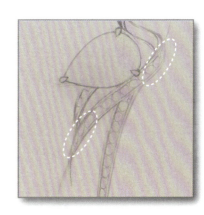

Tips 利用渐变的椭圆形表现转折。

① 起形。作垂直辅助线，画出主石翡翠的形状以及镶嵌的方式，然后根据主石勾画出仙鹤大致的轮廓线，注意反带部分的表现（高×宽：72mm×26mm）。

② 修整造型，刻画细节。用圆形模板圈出钻石，然后加重明暗交界线、重叠线，突显立体感。

③ 用白色（0#）涂画光金以及红宝石和翡翠，然后用柠檬黄（12#）涂满整颗翡翠，注意高光留白。

④ 用粉绿（550#）涂出翡翠的基本色调，红宝石用浅洋红（21#）涂画，宝石的边缘线留白。

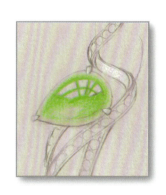

Tips 翡翠边缘颜色浅，可令翡翠更通透。

Tips 沿着宝石轮廓以打圈的方式涂画出红宝石的明暗交界线。

⑤ 翡翠用柳绿（50#）沿着高光部分加强它的暗部，涂画时注意笔触力度逐渐向亮部减轻过渡。红宝石用玫红（23#）加深暗部。

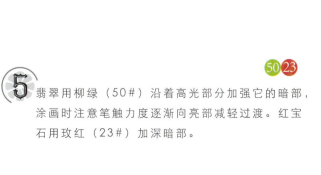

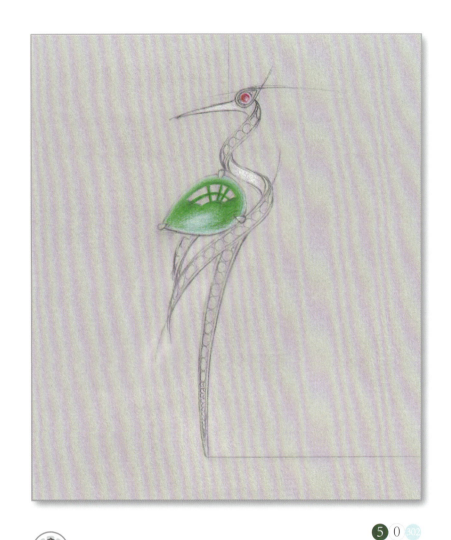

Tips 翡翠反光带蓝色，用粉蓝沿着翡翠边缘涂画。

Tips 翡翠表面温润，涂画暗部时笔触力度可加重，使彩铅的颗粒融合。

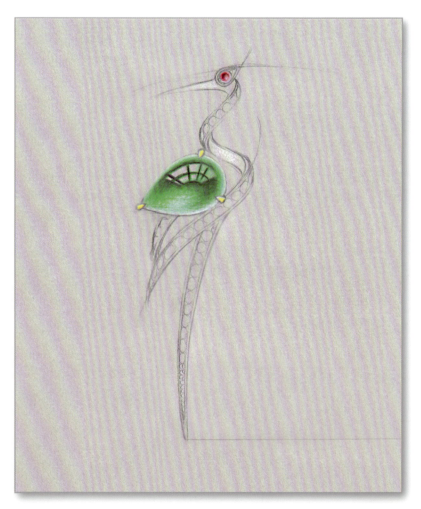

⑥ 用正绿（5#）继续涂画翡翠的暗部，然后用白色（0#）和粉蓝（302#）涂画出翡翠的反光部分。

Tips 高光区域用黑色笔尖强调。

Tips 镶嵌爪的亮部留出，表现出金属的反光。

⑦ 用黑色（9#）加强翡翠以及红宝石的暗部。翡翠的爪子用荧光黄（10#）涂画。

Tips 转折处为暗部，涂画时笔触方向由暗部向亮部涂画，颜色由深到浅。

⑧ 用砂黄（11#）涂画黄金的暗部，用灰色补色笔（84#）涂画出整个胸针的灰部。

⑨ 用高光笔圈画出钻石、翡翠的高光以及反光。

⑩ 用灰色补色笔（84#）轻轻描画钻石的暗部，用鸽灰（83#）画出投影。

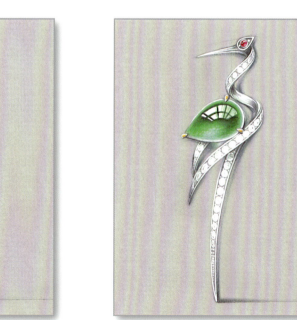

⑪ 用粉绿（550#）轻微地在翡翠周围涂画一些环境色，让整体更加和谐自然。

鹤 舞 清 影 三

灵感来源于仙鹤栖息于湖边的优雅姿态。"芦草映朝阳，漫舞踏浪行"，平静的湖面荡起层层涟漪，仿若皎洁的明月，闪烁着淡蓝色的光芒。

材质：18K黄+白、翡翠、钻石、红宝石、月光石

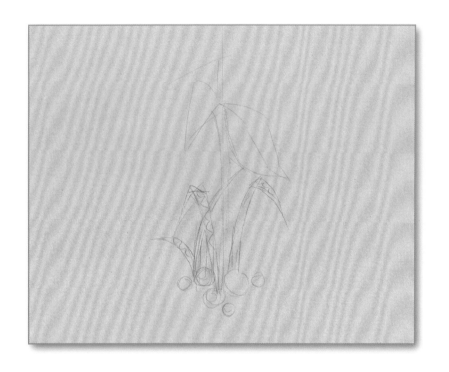

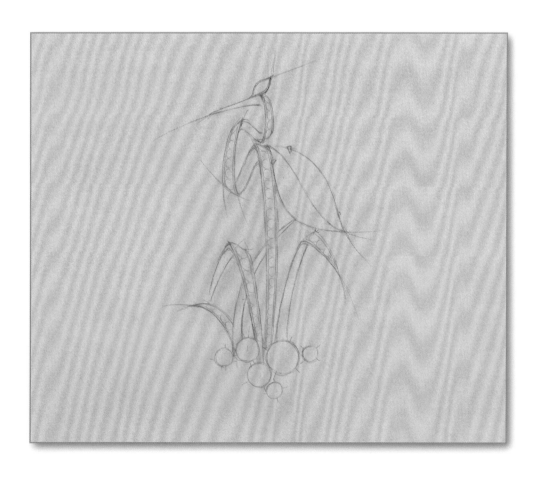

1. 大致地画出胸针的草图，确定各个部分的位置关系（高×宽：70mm×34mm）。

2. 在草图的基础上，逐渐丰富细节，画出宝石的镶嵌方式。

Tips 用渐变的椭圆表现出转折的效果。

Tips 画出转折处的厚度。

3. 修整造型，刻画细节。画出镶嵌的钻石，加强重叠线、转折线以及明暗交界线，增强立体感。

Tips 翡翠的边缘留出一些白色，使翡翠的通透感更强烈。

Tips 注意宝石颜色的深浅变化，即表现出暗、灰、亮的节奏。

④ 用白色（0#）涂画亮部，由于彩铅是水溶性的，可用彩铅自带的笔刷加一点点水晕染，令其涂画出来的颜色显得更饱满。

Tips 月光石涂画的方法由亮部开始向暗部过渡。

⑤ 用粉绿（550#）涂画翡翠暗部，然后用笔刷加一点点水晕染；用鸽灰（83#）涂画月光石的暗部；用浅洋红（21#）先涂画出红宝石的基本色调，再用洋红色（29#）表现出暗部。

橙子·珠宝设计画册 I

Tips 注意表现翡翠的暗、灰、亮节奏。

Tips 转折处的金属较暗。

⑥ 用青绿（52#）叠加涂画翡翠暗部，然后用毛笔加一点水由暗部逐渐向灰部晕染过渡。用荧光黄（10#）在翡翠的灰部叠加一些黄色，可令其颜色更丰富，最后涂画出金属的基本色调。

Tips 翡翠亮部受光源的影响带些黄色。

Tips 金属反光留白。

⑦ 用白色（0#）加强翡翠的高光、亮部和反光，用砂黄（11#）涂画黄金的暗部，其暗部多在转折处。

⑧ 月光石用浅蓝（30#）由暗部向灰部过渡涂画。用黑色（9#）加强月光石以及翡翠的暗部，突显立体感。用高光笔涂画出钻石、金属、宝石以及黄金部分的高光和反光。

⑨ 用灰色补色笔（84#）在整个造型的右下方画出投影。

⑩ 用铅笔修整毛边。用灰色补色笔（84#）加强投影、钻石以及光金的暗部，增强立体感。用莱姆绿（53#）在翡翠投影处添加一些环境色。

玫 瑰 篇

　　玫瑰在古希腊神话中，集爱与美于一身。它，既是美神的化身，又融入了爱神的血液；它，不似牡丹的雍容华贵，也不似玉兰的纤尘不染；它，充满着浓烈的爱意，每一朵，都有着它独特的故事。本篇章以浪漫的玫瑰为题材，幻化成爱人之间诺誓的印证，让爱的誓言和初心永恒。

"玫"好时光一

灵感源于玫瑰图案。玫瑰,天生带着诱惑。吊坠以玫瑰金为主,采用镂空工艺,花瓣图案层叠设计,再搭配彩色宝石镶嵌,仿若花园中带刺怒放的鲜红玫瑰,又似那充满魅力的女人。玫瑰是爱的誓言,一生只送一人,更深刻地诠释了誓言之重。

材质:18K玫瑰金、钻石、橙蓝宝

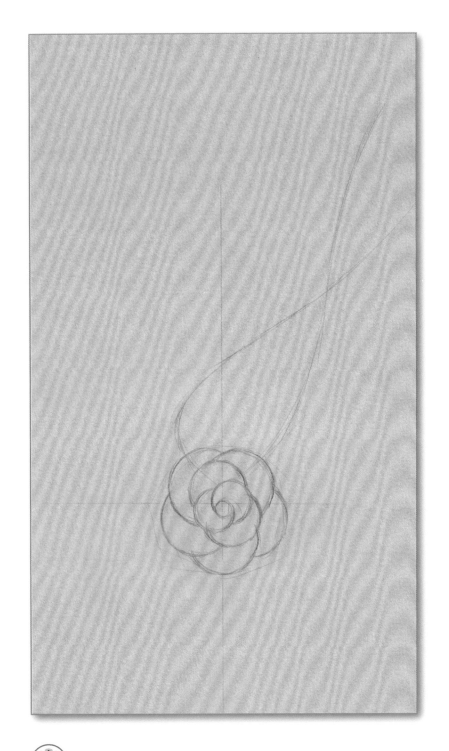

Tips 借助圆形模板圈画玫瑰花瓣。

Tips 链子前面细致刻画,越往后越逐渐虚化,可表现出空间感。

1. 画垂直辅助线,粗略地圈画出吊坠的草图,玫瑰花瓣由中心一圈圈向外延伸变大,然后画出项链的大致走向(高×宽:35mm×35mm)。

2. 整个造型用圆形模版修整,然后根据链子的辅助线画出链子。

Tips 用白色涂画出金属的受光面。

Tips 用白色涂画出链子的亮部。

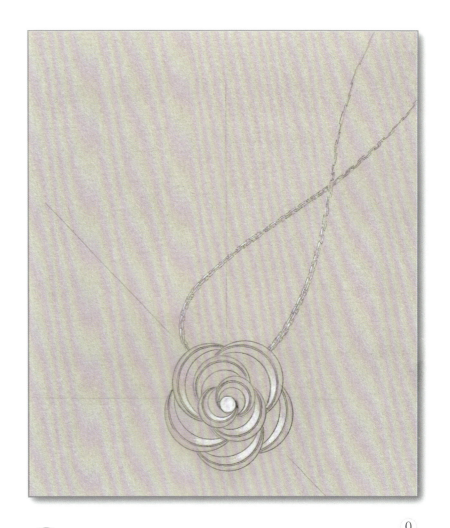

③ 光源从左上方射入，用白色（0#）涂满整颗橙色宝石，在受光面涂画白色表现出受光效果，链子用白色涂画一层。

④ 吊坠以玫瑰金为主，用粉陶（43#）涂画金属暗部，用黄色（1#）涂画橙色宝石，注意留出反光。

Tips 涂画出金属的亮、灰、暗节奏，令明暗关系逐渐呈现。

Tips 由金属两边向中间过渡涂画。

Tips 沿着宝石暗面画，留出一些黄色。

Tips 用灰色补色笔由两头向中间涂画。

❹

⑤ 用橘色（4#）涂画橙色宝石的暗部，用灰色补色笔（84#）在白色钻石部分涂画暗部。

Tips 链子在右侧的线条加强。

Tips 暗部的轮廓线加强。

❾

⑥ 用黑色（9#）加强重叠线、转折线以及暗部的轮廓线。

Tips 链子前面用高光笔稍微涂画一些即可，让前后有对比。

Tips 用高光笔先圈画出钻石的轮廓。

7 链子前面用高光笔刻画亮部，让其前后对比更强烈，并圈画出钻石以及橙色宝石的高光和镶嵌爪，用深棕（76#）刻画玫瑰金的最暗部。

Tips 用高光笔画出金属边。

Tips 在宝石暗部沿着明暗交界线点出高光。

橙 · 橙子 · 珠宝设计画册 I

Tips 注意投影的虚实变化，两头实中间虚。

Tips 橙色宝石周边的金属受其颜色影响，用黄色涂画出环境色。

⑧ 用鸽灰（83#）在整个造型的右下方画出投影，用黑色（9#）加强投影的虚实，钻石用高光笔涂画并点出钉，用黄色（10#）在橙色宝石附近稍微加一些环境色。

Tips 用高光笔加强金属的反光,让其金属质感更强。

Tips 用灰色补色笔轻轻覆盖钻石暗部,笔触方向从两头向中间涂画。

9 用高光笔画出金属的反光。用铅笔修整毛边,然后用灰色补色笔(84#)涂画钻石暗部,让整个造型的立体感更强烈。

"玫"好时光二

玫瑰,万般姿态只为爱而生。鲜艳的红宝石幻化出玫瑰的娇艳姿态,凝成花蕊中一滴晶莹的露珠,熠熠生辉,仿若在柔情诗意间倾诉着恋人们的爱情絮语。

材质:18K玫瑰金、钻石、红宝石

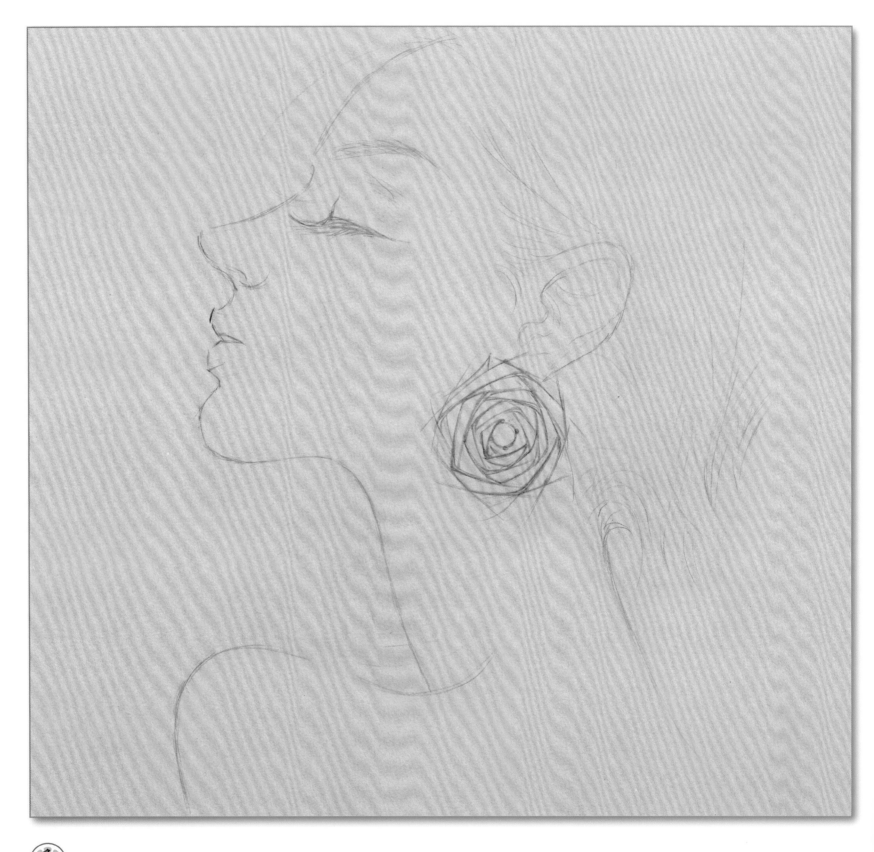

先确定耳环的大小，画出外框。以中间的主石为中心，画出花瓣。人物无需刻画，作品完成后网上找自己喜欢的头像P图也可（高x宽：35mmx35mm）。

Tips 用渐变的椭圆形来表现转折面。

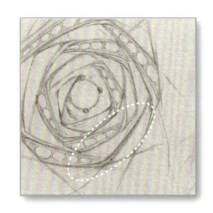

Tips 表现出转折面的厚度。

② 修整造型，画出镶嵌的宝石。加强重叠线、转折线，突显立体感。

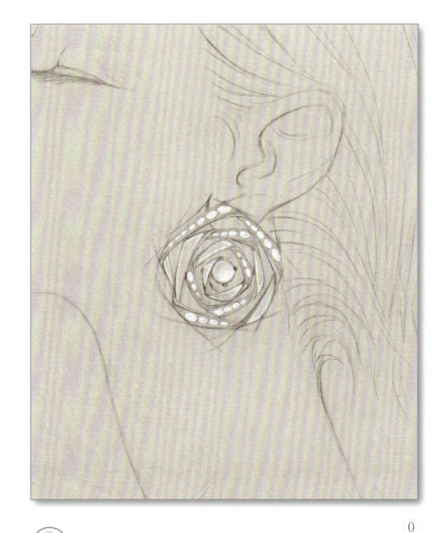

③ 用白色（0#）涂满宝石，在金属部分稍微涂画出它的亮部，表现出明暗关系。

Tips 主石用白色由亮面开始向暗面涂画。

Tips 沿着金属的边缘线涂画白色。

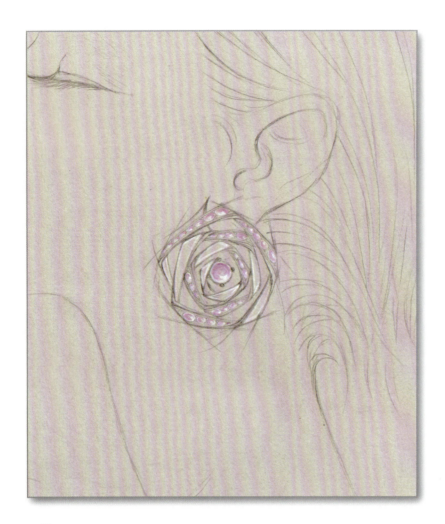

Tips 沿着宝石的暗部涂画，宝石的边缘留白，表现出宝石的通透感。

④ 用粉红色补色笔（200#）涂画宝石的暗部。

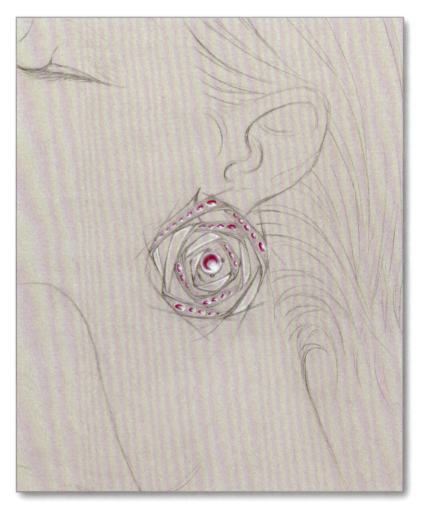

Tips 不要全部覆盖之前的颜色，之前的颜色可起到过渡的作用。

⑤ 用桃红色补色笔（202#）继续加强宝石暗部，丰富色调。

Tips 用白色沿着人物的边缘涂画,呈现其立体感。

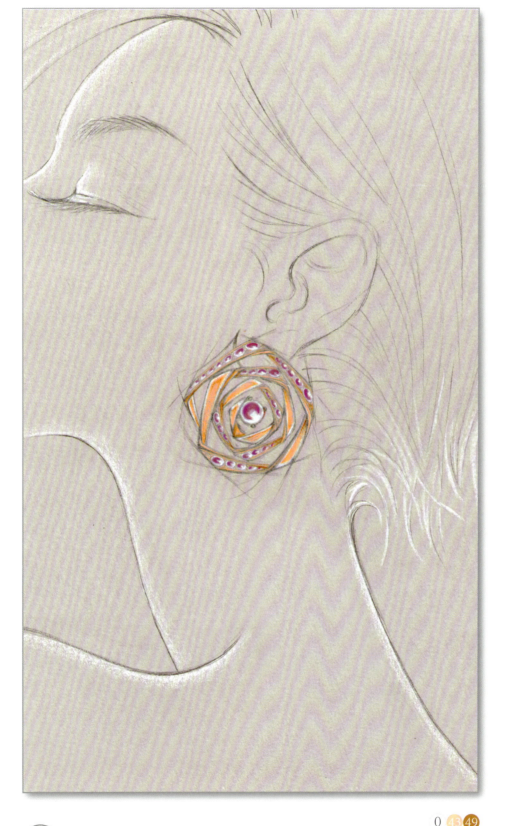

Tips 发尾用白色稍微涂画一些即可。

Tips 涂画粉陶时不要覆盖金属边缘的白色。

6 用白色(0#)沿着人物边缘涂画,增强立体效果。金属先用粉陶(43#)涂画出它的基本色调,然后用浅棕色(49#)涂画金属暗部。

Tips 转折处用浅棕色加强。

橙子·珠宝设计画册Ⅰ

350

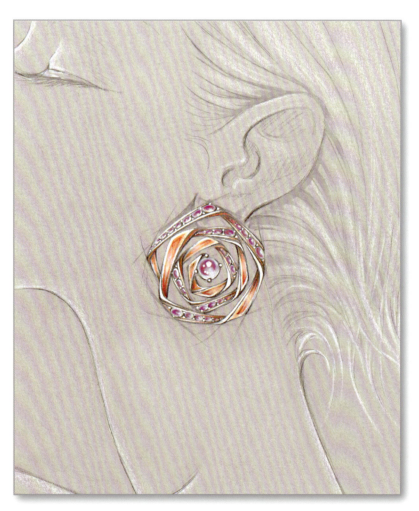

❼ 用高光笔画出金属的亮部、点出宝石的钉以及宝石的高光。用黑色（9#）加强重叠线、转折线以及暗部的轮廓线。

Tips 用高光笔描出金属边。

Tips 亮部的钉比暗部的钉亮。

Tips 高光笔在涂画时的笔触力度把控不稳，会容易毛糙，可用铅笔稍微修整。上图是毛边修整前后对比的效果。

❽ 用铅笔修整毛边。

⑨ 用高光笔画出星光效果,注意星光由中心点向外散射,星光的星线由粗到细。

"玫"好时光 三

玫瑰仿若不胜娇羞般徐徐绽放，红宝石镶嵌的花瓣，如同那娇艳的玫瑰一般盛开。玫瑰与珍珠巧妙相扣融合在一起，犹如相依相恋的恋人，尽显其浪漫和柔情。

材质：18K玫瑰金、珍珠、红宝石

画出垂直辅助线以及项链大致方向的辅助线，在垂直中心线上画出玫瑰的大致形状（花朵尺寸高×宽：34mm×34mm），注意花瓣像旋涡，一层一层叠加，然后用圆形模板沿着项链方向的辅助线圈画出珍珠。

Tips 画出玫瑰花瓣镶嵌的边。

2 修整造型。在玫瑰部分画出宝石,用橡皮擦擦除项链方向的辅助线。

3 用浅洋红(21#)涂画出宝石的基本色调。

Tips 沿着宝石的暗部涂画浅洋红,亮部留白。

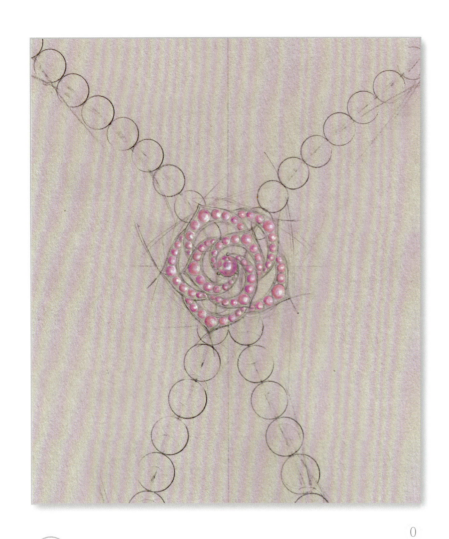

④ 宝石先用白色（0#）提亮亮部。

Tips 用品红沿着宝石暗部加强明暗交界线。

Tips 白色涂画的时候注意与浅洋红的过渡，逐渐区分出宝石的明暗。

⑤ 宝石用浅洋红的相近色品红（20#）继续叠涂暗部，令宝石的颜色更丰富。

Tips 在暗部画出宝石的刻面。

Tips 台面用射线由外向中心画线，表现出在台面看到的亭部刻面。

❼ 用黑色（9#）加强玫瑰暗部的轮廓线条，突显玫瑰，增强立体感。

❾

❻ 用红色补色笔（2#）勾画出宝石的刻面。

Tips 暗部的轮廓线加强。

Tips 线条要有轻重感，体现虚实的变化。

橙子 · 珠宝设计画册 I

358

Tips 高光笔描出金属边。

Tips 用鸽灰先区分出珍珠的明暗关系。

⑧ 用高光笔涂画出金属边并点出宝石的钉。用鸽灰（83#）涂画珍珠的暗部，离主体玫瑰近的珍珠细致刻画，越往后越虚化，令整体有空间感的延伸。

Tips 越靠近玫瑰的珍珠越细致刻画，逐渐向后虚化，让整体有空间感的延伸。

⑨ 用白色（0#）涂画珍珠的亮部，靠近主体玫瑰的珍珠细致刻画，离主体越远的越粗略地涂画，可表现出虚实的关系，突显主体。

⑩ 用灰色补色笔（84#）在右下方画出投影，珍珠的高光用高光笔画出，最后用铅笔修整毛边。

宝石篇

宝石琢形
GEM CUT SHAPE

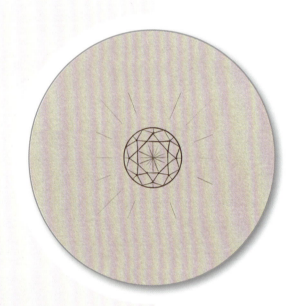

　　宝石的琢形是指宝石的造型，是宝石原石经琢磨后所呈现出的样式，也称宝石的切工或款式。

　　宝石琢形的种类繁多，可分为刻面形、弧面形、珠形、异形四大类型，其中刻面形宝石的设计和加工最为复杂。为提高透明宝石的成品率，越来越多的琢形出现了，而不同种类的宝石琢形，其形状构成也有一定的差别。

　　本篇章学习常见宝石琢形的画法与上色。

圆形切割

1 画垂直辅助线,然后用圆形模板画直径16mm的圆。

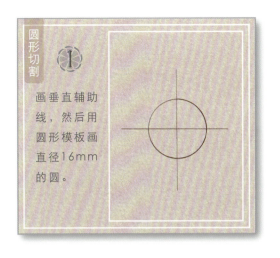

2 在圆内画一个8mm的同心圆作为其台面。

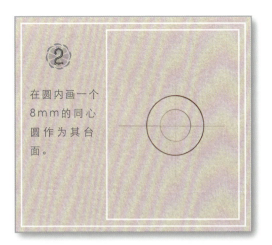

3 在两个圆之间再画一个13mm的同心圆作为辅助。

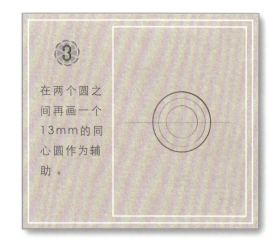

4 把圆均分成十六份,并作辅助线。

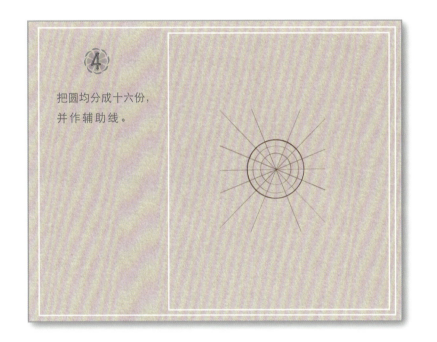

5 连接辅助线与中间圆和内圆产生的交点,画出冠部星刻面。

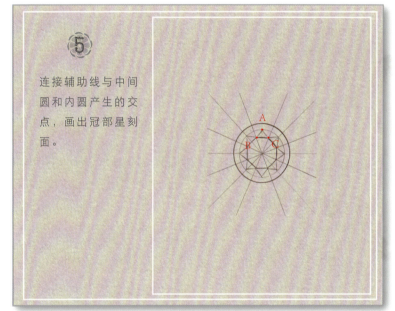

6 连接辅助线与外圆的交点画出冠部主刻面。

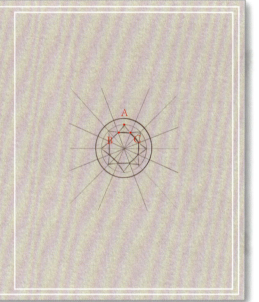

7 擦除辅助线,留下画刻面的痕迹,方便后期描画。

8 根据痕迹重新描画刻面,令刻面线清晰。

玫瑰切割 ① 画垂直辅助线,然后用圆形模板画直径16mm的圆。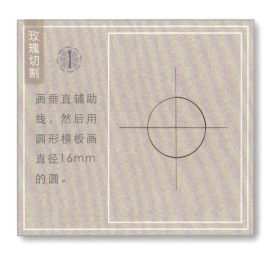	② 用宝石模板在圆内画一个13mm的肥三角。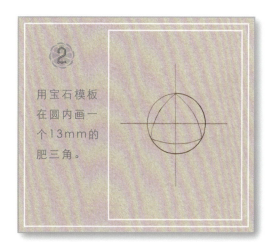	③ 在圆内继续画一个同等大小的垂直肥三角,确定刻面的各个定点。
④ 沿着两个肥三角相交的点作交叉辅助线,使线与圆产生交点。	⑤ 擦掉两个肥三角的交叉辅助线,以直线的方式连接交点。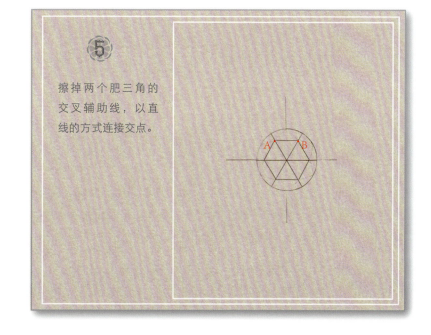	
⑥ 继续以直线的方式连接各个交点(A点与C、D两点之间的中点相连)。	⑦ 以直线的方式连接剩余的交点。	⑧ 擦除辅助线并加深线条。

橙子·珠宝设计画册Ⅰ

椭圆形切割

1 画垂直辅助线，并用宝石模板画出椭圆形的形状，尺寸为18mm×13mm。

2 在椭圆形内再画一个同心椭圆形作为其台面，尺寸为10mm×8mm。

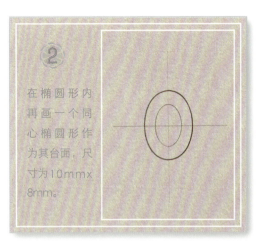

3 在两个椭圆形之间再画一个同心椭圆形作辅助，尺寸为16mm×12mm。

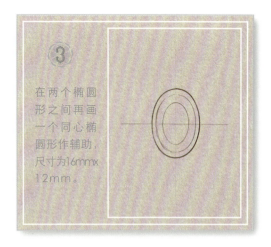

4 沿着外椭圆画一个长方形并画出其对角线，然后将AB分成四等份，AC分成三等份并画辅助线。

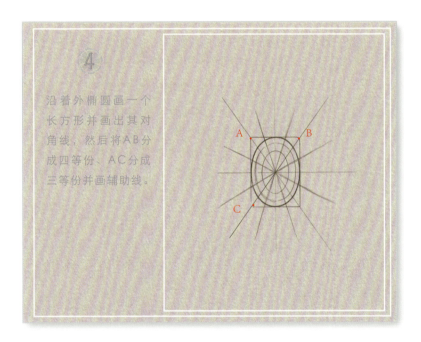

5 连接中间的椭圆形与内椭圆形的交点，画出冠部星刻面。

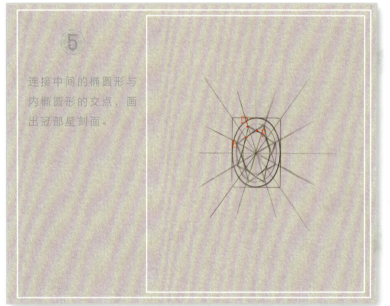

6 连接中间的椭圆形与外椭圆形的交点，画出冠部主刻面。

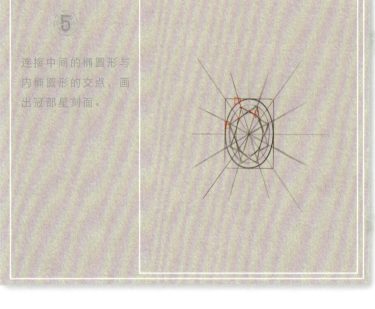

7 擦除辅助线，留下刻面的痕迹，方便后期描画。

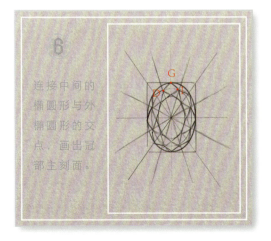

8 根据痕迹重新描画刻面，令刻面线清晰。

橙子 · 珠宝设计画册 |

水滴切割

1 画垂直辅助线，水滴的下半部分用14mm圆形画出；上半部分借助圆形模板画出。

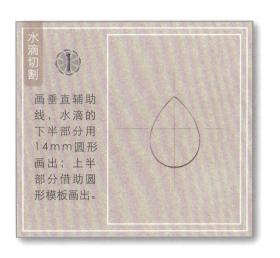

2 用宝石模板在水滴形内再画一个同心12mm×8mm的水滴形作为其台面。

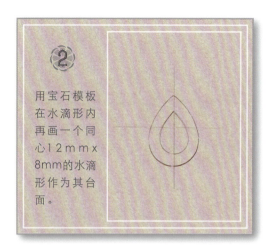

3 在两个水滴形之间继续画一15mm×11mm的水滴形作为辅助线。

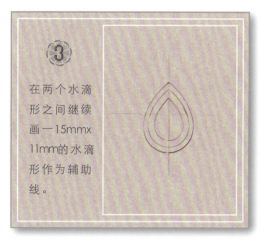

4 将AB分成四等份并作辅助线。

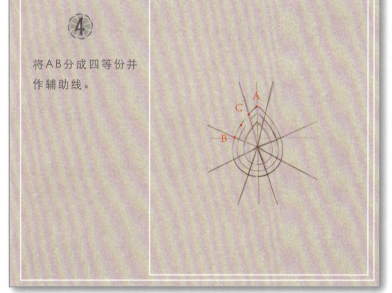

5 连接中间的水滴形与内水滴形的交点，画出冠部星刻面。

6 连接中间的水滴形与外水滴形的交点，画出冠部主刻面。

7 擦除辅助线，留下刻面的痕迹，方便后期描画。

8 根据痕迹重新描画刻面，令刻面线清晰。

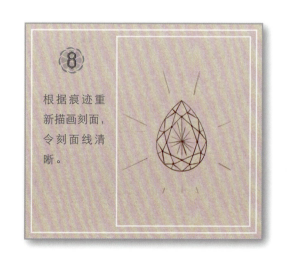

心形切割

1 画垂直辅助线,并用宝石模板画出心形的形状尺寸为16mm。

2 在心形内再画一个心形作为其台面,尺寸为9mm。

3 在两个心形之间继续画一个心形作为冠部星刻面的辅助线,尺寸12mm。
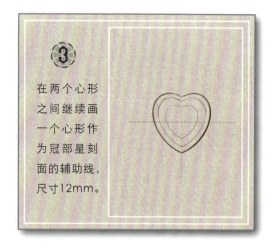

4 将心形按角度等分成九份,并画辅助线。

5 连接辅助线与中间的心形和内心形的交点,画出冠部星刻面。
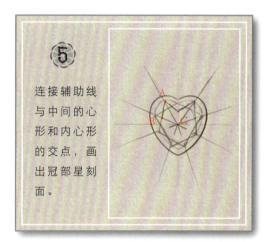

6 连接辅助线与中间的心形和外心形的交点,画出冠部主刻面。
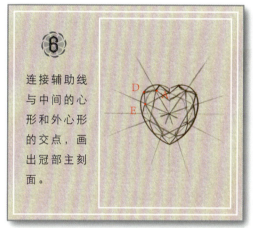

7 擦除辅助线,留下刻面的痕迹,方便后期描画。
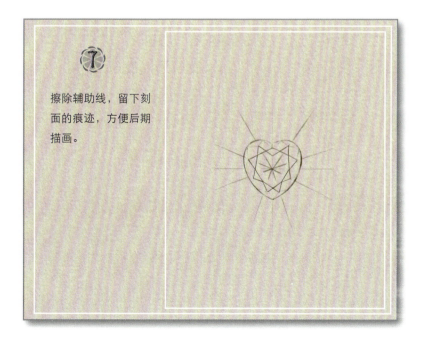

8 根据痕迹重新描画刻面,令刻面线清晰。
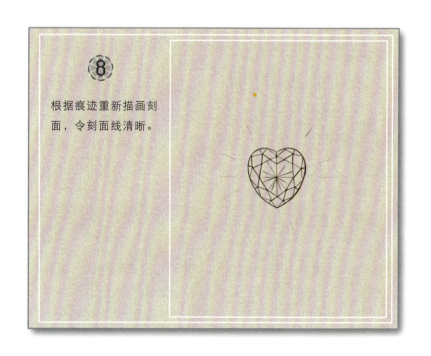

枕形切割

① 画垂直辅助线，并用宝石模板画边长为16mm的正方形。
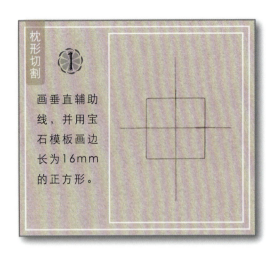

② 在正方形内画一个边长为9mm的同心正方形作为台面的辅助。
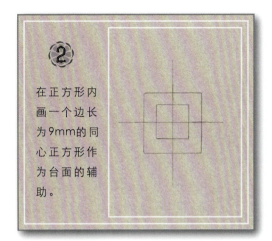

③ 在两个正方形之间再画一个边长为12mm的同心正方形。
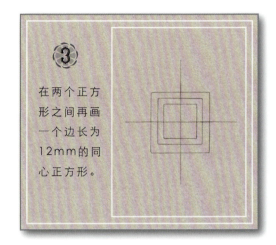

④ 画出正方形的对角线。

⑤ 以最大正方形为辅助画出枕形（可借助圆形或者椭圆形模板画枕形的弧度）。

⑥ 把中间的正方形分成三等份，连接交点，画出冠部星刻面。然后擦掉内正方形的辅助线。

⑦ 接着上一步连接枕形上的交点，画出冠部的主刻面与上腰的刻面。

⑧ 连接冠部的交点与外枕形上两点之间的中点，画出上腰刻面（E点与G、D两点之间的中点相连）。

马眼切割

1 画垂直辅助线，借助圆形模板画出马眼的形状，尺寸为21mm×12mm。

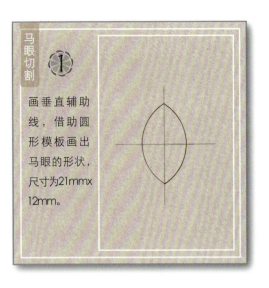

2 继续用圆形模板画出马眼的台面，尺寸为13mm×5mm。

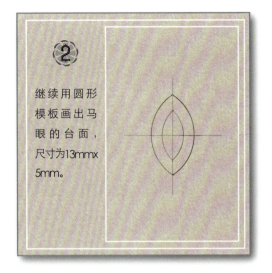

3 在两个马眼之间继续画马眼，尺寸为18mm×10mm，作为冠部星刻面的辅助。

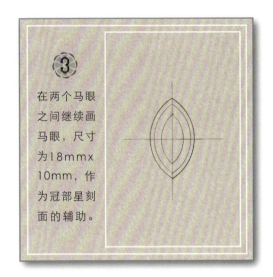

4 均分10等份作辅助线，使其与马眼产生交点。

5 将内马眼的交叉点与中间马眼的交叉点相连。

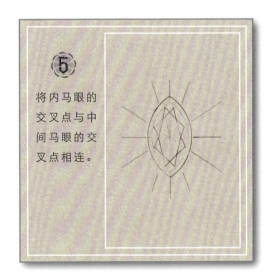

6 将外马眼的交叉点与中间马眼的交叉点相连并擦掉辅助线（C点和D点与A、B两点之间的中点相连）。

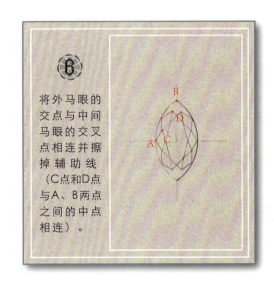

7 连接外马眼的顶点B与靠近它的上下两点D点和G点。

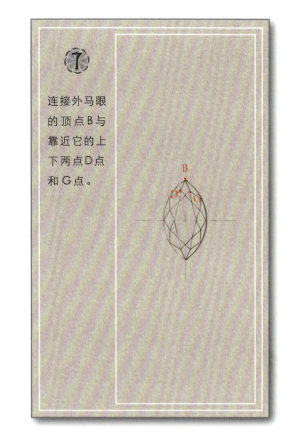

8 最后将冠部的交点与外马眼上腰刻面两点之间的中点连接，画出上腰刻面（D点与B、I两点之间的中点相连）。

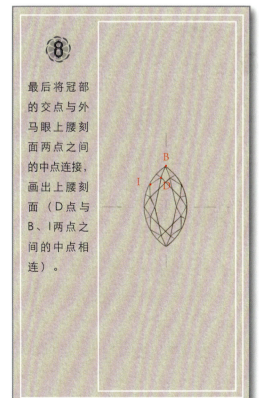

① 画垂直辅助线并用宝石模板画出肥三角的形状,尺寸为15mm。	
② 在肥三角内画一个同心肥三角,尺寸为8mm,作为其台面的辅助。	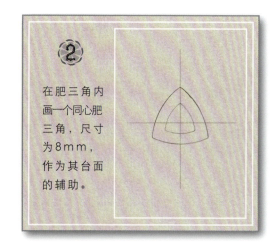
③ 在两个肥三角之间再画一个同心的肥三角,尺寸为13mm,作为冠部星刻面辅助。	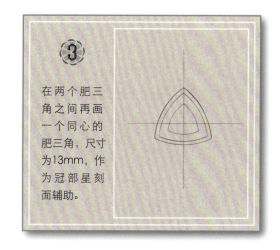
④ 在外肥三角边的中点作辅助线,使其产生交点(C是A与B的中点,C与肥三角的顶点D相连)。	
⑤ A、F、G三点相连(A是顶点、F是内肥三角边上的中点、G是中间肥三角边上六等份的一个点)。	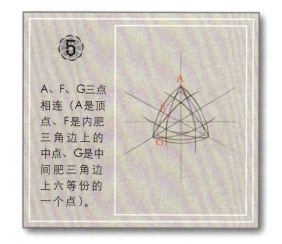
⑥ 擦掉辅助线。	
⑦ 将J点与A、I两点相连。	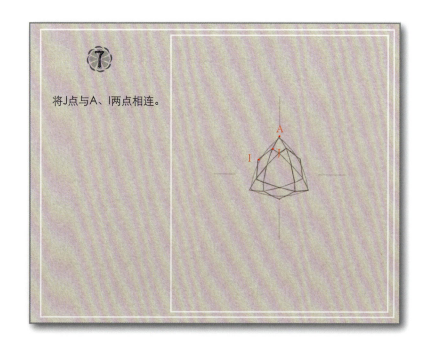
⑧ 将J点与A、I的中点相连,画出上腰刻面。	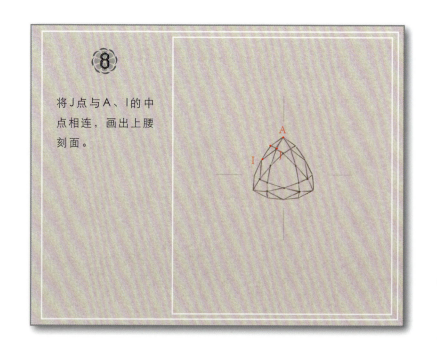

三角切割

1 画垂直辅助线，并用宝石模板画出等边三角形的形状，边长为15mm。

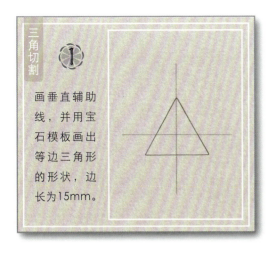

2 在三角形内画一个9mm的同心等边三角形，作为其台面。

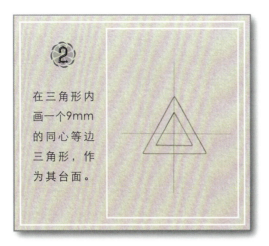

3 在外三角形边上的中点作辅助线，使它与内、外三角形产生交点（C是A与B的中点，C与三角形的顶点D相连）。

4 连接外三角形的顶点A与内三角形边上的中点F和G点。

5 继续连接外三角形的顶点B与内三角形边上的中点F和J点。

6 最后把外三角形的顶点D与内三角形边上的中点L和J点相连。

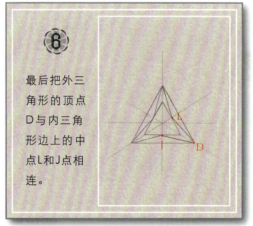

7 擦除辅助线。

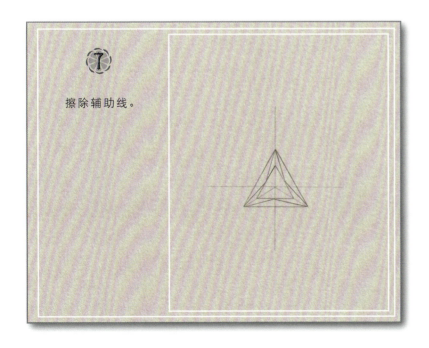

8 擦除台面的辅助线并加深三角形的轮廓线。

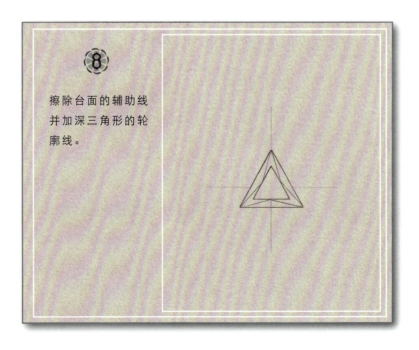

公主方切割 ① 画垂直辅助线，用宝石模板画出边长为15mm的正方形。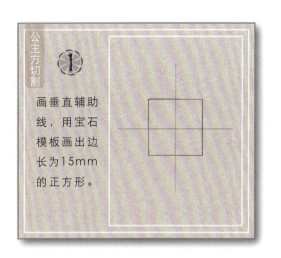	② 在正方形内画一个边长为9mm的同心正方形，作为其台面。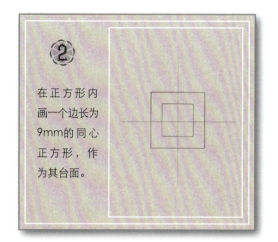	③ 在两个正方形之间再画一个边长为12mm的同心正方形作为辅助线。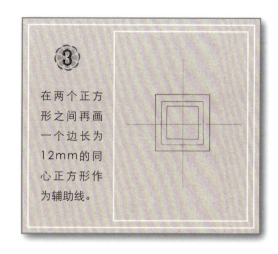
④ 将内正方形的顶点B沿着边长向外延长与中间的正方形产生交点A，交点A与C点连接，画出冠部星小面。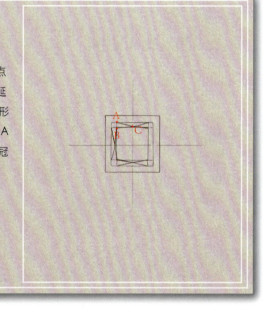	⑤ 将外正方形的顶点D与E、A点相连，画出冠部主刻面。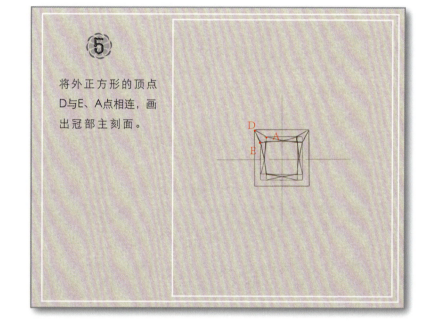	
⑥ 继续将外正方形的顶点G与H、I点相连，画出冠部主刻面。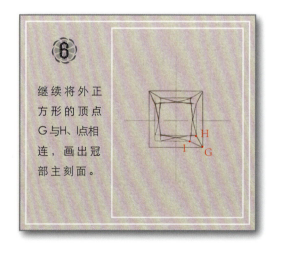	⑦ 最后将外正方形的顶点J与K、L点相连，画出冠部主刻面。	⑧ 擦除辅助线。

格仔面切割

1 画垂直辅助线，并画出长枕形的形状，尺寸为18mm×14mm。

2 作角平分线的辅助线。

3 沿着角平分线画弧线。

4 沿着之前作的弧线画等距的平行弧线。

5 画出另外一边的等距的平行弧线。

6 画出交叉的平行弧线。

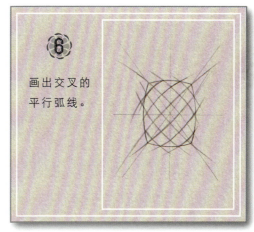

7 擦除辅助线，留下画刻面的痕迹，方便后期描画。

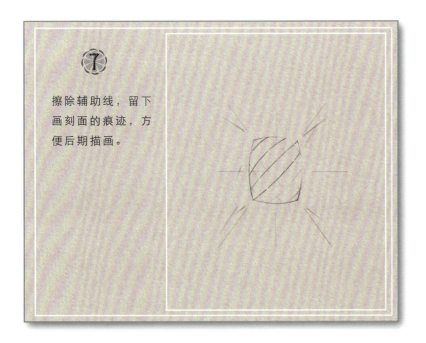

8 根据痕迹重新描画刻面，令刻面线清晰利落。

雷迪恩切割

① 画垂直辅助线，并画出长方形，尺寸18mm×15mm。

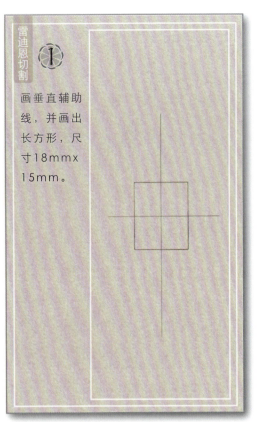

② 在长方形内画一个长方形，尺寸为15mm×12mm，作为冠部星刻面的辅助。

③ 在长方形内再画一个长方形，尺寸为12mm×7mm作为其台面。

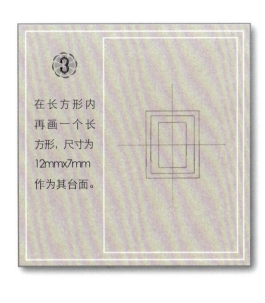

④ 画出对角线的辅助线。

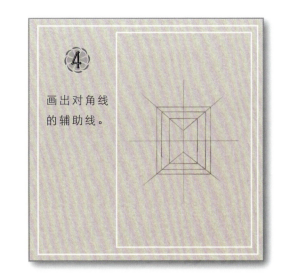

⑤ 连接对角线与各长方形产生的交点。

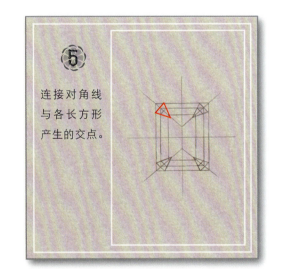

⑥ 擦除辅助线，画出台面上的刻面。

⑦ 继续完善台面上的刻面。

⑧ 擦除辅助线，修整线条。

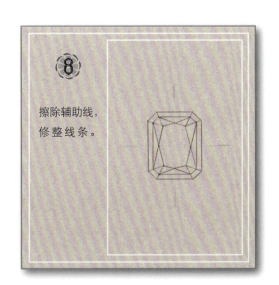

祖母绿切割

1 画垂直辅助线，并画出长方形，尺寸为22mm×14mm。

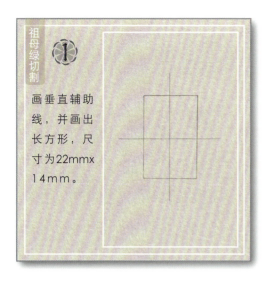

2 在长方形内画一个同心长方形，尺寸为19mm×12mm，作为冠部星刻面的辅助。

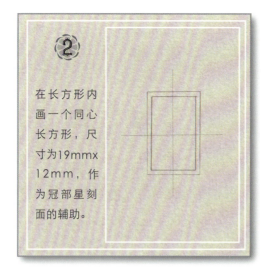

3 在长方形内再画一个长方形17mm×9mm。

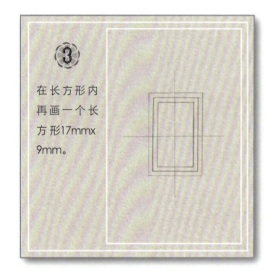

4 在长方形内继续画尺寸为15mm×7mm的长方形作为其台面。

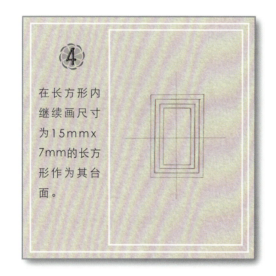

5 画出2个角的切面。

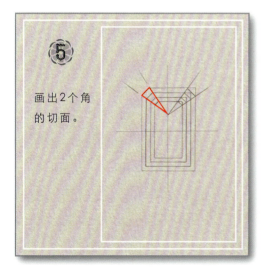

6 画出另外2个角的切面。

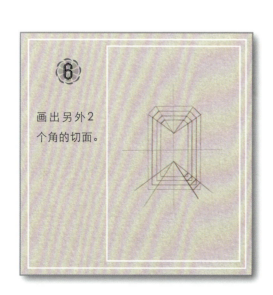

7 连接线与长方形产生的交点，并擦除辅助线。

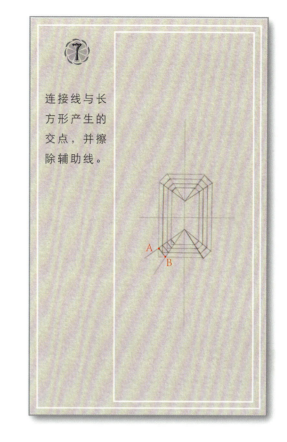

8 擦除辅助线。

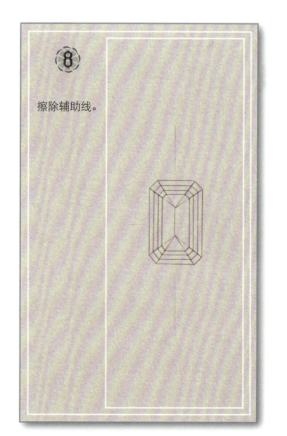

钻石 DIAMOND

矿物名金刚石,被誉为"宝石之王",是自然界最硬的物质,其摩氏硬度为10,具有极高的抗磨损能力和化学稳定性,光泽强,持久闪耀。然而其脆性也使它在用力碰撞下容易碎裂。钻石以无色透明大颗粒且切工优异者为佳。红、粉、紫、蓝、绿、黄、白、黑等色因罕见也为珍品。主要产于南非、澳大利亚、俄罗斯等地。

衡量钻石品质的标准:重量(CARAT)、净度(CLARITY)、色泽(COLOUR)和切工(CUT),即4C标准。

1
画出直径为16mm圆形钻石的刻面。

2
用灰色补色笔（84#）画出钻石基本的明暗关系。

3
用高光笔将刻面线描画一遍，钻石外围的线可画粗一些。

4
用高光笔画出钻石的高光和反光刻面。
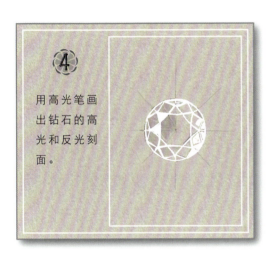

5
用黑色（9#）以射线的方式由外向内涂画出钻石的暗面。

6
用灰色补色笔（84#）过渡钻石的亮部与暗部，然后用铅笔修整刻面线。

7
用黑色（9#）过渡灰部与暗部，然后用高光笔继续刻画钻石刻面，过渡亮部与灰部。
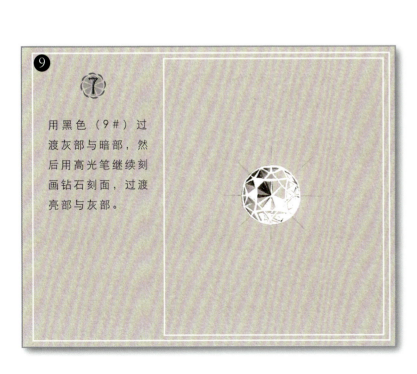

8
用高光笔细化并调整刻面，用铅笔修整刻面线，最后用灰色补色笔（84#）画出钻石的投影。

红宝石 RUBY

红宝石专指因含有铬元素而呈现红色的宝石级刚玉,具有仅次于钻石的硬度,是世界上最珍贵的五大贵重宝石之一,品质优良的红宝石在阳光下会如同燃烧的血液。红宝石的红色愈鲜艳便愈美丽、愈有价值,其极品的颜色被称为"鸽血红"。

所谓"鸽血红"是一种颜色饱和度较高的纯正的红色。这是一种几乎可称为深红色的鲜艳强烈的色彩,能够把红宝石的美表露得一览无遗。它的红色除了纯净、饱和、明亮之外,更给人以强烈的"燃烧的火"与"流动的血"的感觉。

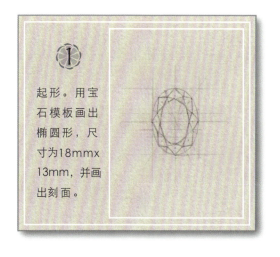

① 起形。用宝石模板画出椭圆形，尺寸为18mm×13mm，并画出刻面。

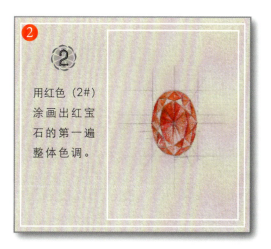

② 用红色（2#）涂画出红宝石的第一遍整体色调。

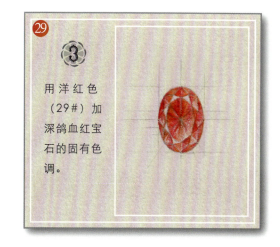

③ 用洋红色（29#）加深鸽血红宝石的固有色调。

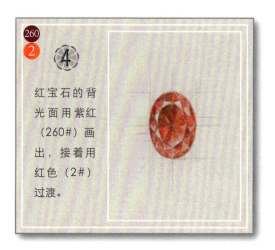

④ 红宝石的背光面用紫红（260#）画出，接着用红色（2#）过渡。

⑤ 用高光笔画出它的高光面、刻面线、亭部受光面。

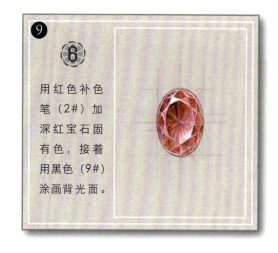

⑥ 用红色补色笔（2#）加深红宝石固有色，接着用黑色（9#）涂画背光面。

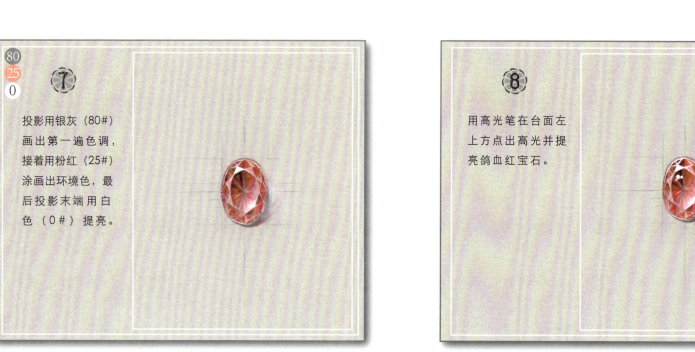

⑦ 投影用银灰（80#）画出第一遍色调，接着用粉红（25#）涂画出环境色，最后投影末端用白色（0#）提亮。

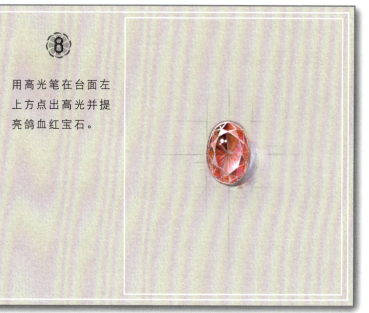

⑧ 用高光笔在台面左上方点出高光并提亮鸽血红宝石。

橙子·珠宝设计画册 I

蓝宝石 SAPPHIRE

蓝宝石是除了红色以外的所有宝石级刚玉的统称,蓝色蓝宝石由铁元素和钛元素共同致色,某些蓝宝石还可能呈现变色效应。广义上蓝宝石的颜色非常丰富,包括蓝色、黄色、绿色、紫色、粉红色、橙色和无色等。以"皇家蓝"、"矢车菊蓝"颜色饱满且分布均匀者为佳。

① 起形,画出马眼的形状与刻面。灰部与亮部的刻面用白色(0#)涂画一层,作为亮色。

② 用浅蓝色补色笔(313#)先涂画一层基础色调,接着用湖蓝色补色笔(34#)加深灰部,并用粉蓝(302#)过渡。

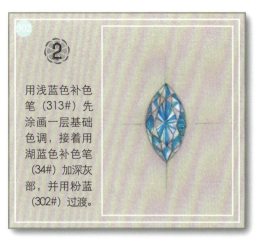

③ 用蓝色(3#)涂画出暗部,暗部色调用紫色(6#)丰富。

④ 用深蓝色补色笔(37#)加深暗部,接着用浅蓝色补色笔(313#)过渡。

⑤ 用蓝色(3#)和彩陶蓝(63#)整体调整。用黑色(9#)加强暗部,使其明暗对比强烈。

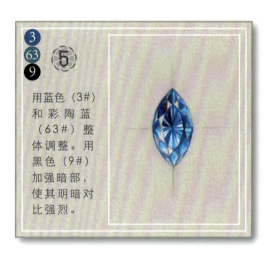

⑥ 用灰色补色笔(84#)画出投影。

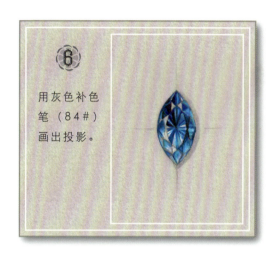

⑦ 用高光笔画出刻面线以及高光刻面,然后用湖蓝色补色笔(34#)过渡。

⑧ 用黑色(9#)笔尖刻画暗面,接着用浅蓝色补色笔(313#)过渡灰面和亮面,让其过渡自然。

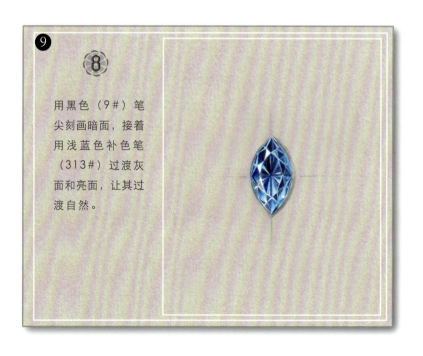

星光蓝宝石 STAR SAPPHIRE

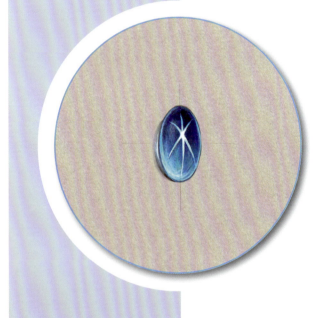

星光蓝宝石是蓝宝石的一个特殊品种,它具有星光效应,在聚光光源下可以看到如同星光一样的六条白色反射光带。

与蓝宝石一样,星光蓝宝石有多种颜色,除了最常见的蓝色星光蓝宝石外,还会有白色星光蓝宝石、粉色星光蓝宝石等。

在选择星光蓝宝石时,首先要注意星线是否在弧面正中,星线是否明显,宝石的体色饱和度是否良好。

① 用20mm椭圆形模板画出星光蓝宝石的形状。用深蓝色补色笔（37#）涂画出星光蓝宝石的第一遍色调。

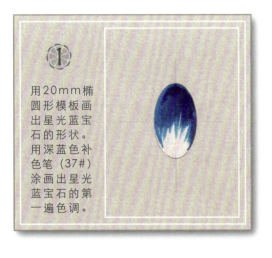

② 用白色（0#）涂画出星光蓝宝石反光面。

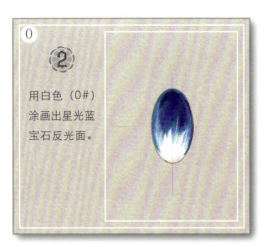

③ 用浅蓝色补色笔（313#）覆盖星光蓝宝石的反光。

④ 先用钴蓝（33#）修整轮廓线，接着用白色（0#）涂画提亮反光。

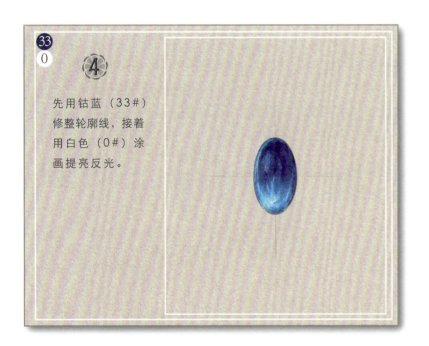

⑤ 投影先用灰色补色笔（84#）涂抹第一遍色调，中间用白色（0#）画出透光。

⑥ 用青蓝色（37#）过渡深调，使整体色调更加柔和。用粉蓝（302#）画出投影处的环境色。

⑦ 用高光笔画出星光以及反光，接着用青蓝色（37#）涂抹，以此凸出最高点，将星光蓝宝石的立体感呈现出来。

⑧ 用黑色（9#）加强投影与宝石相切处，中间用高光笔画一条细白线表现透光，以此来拉开对比，增强空间立体感。

粉色蓝宝石 PINK SAPPHIRE

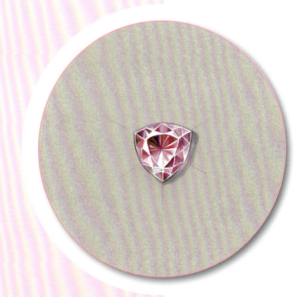

粉色蓝宝石是蓝宝石的一个品种，由于含有铬元素而呈现粉红色。

粉色蓝宝石是一个颜色跨度非常广泛的蓝宝石品种，很少能见到正粉色的粉色蓝宝石，经常会有伴有紫色调出现。

由于粉色蓝宝石和红宝石都是由铬元素致色，宝石鉴定机构至今不能在判断一个宝石是偏红的粉色蓝宝石还是浅粉色调的红宝石之间达成一致，因此有一些粉色蓝宝石也可能被分级为红宝石。

① 起形，用宝石模板画出尺寸为15mm的肥三角形以及刻面，接着用白色（0#）在亮部和灰部涂画一层底色。

② 用粉红色补色笔（200#）涂画出粉色蓝宝石的灰部，然后用桃红色补色笔（202#）稍微加强其暗部的色调。

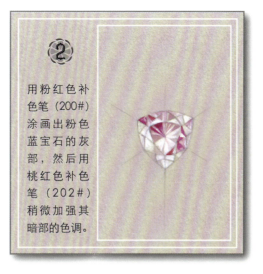

③ 用粉红色补色笔（200#）继续叠涂，然后用浅洋红（21#）过渡，使其亮部和暗部过渡自然。

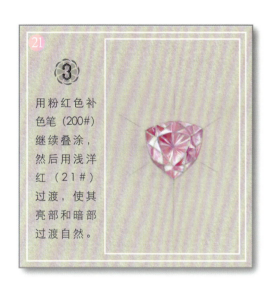

④ 用桃红色补色笔（202#）加强粉色蓝宝石的暗部，接着用浅洋红（21#）稍微过渡，并用白色（0#）加强亮部。

⑤ 用高光笔画出粉色蓝宝石的刻面线以及高光面。

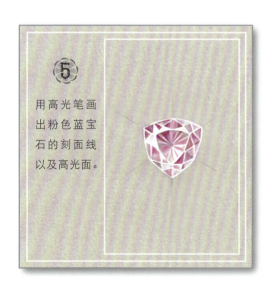

⑥ 用黑色（9#）和品红（20#）加强暗部，用桃红色补色笔（202#）过渡，让其颜色过渡更自然。

⑦ 用高光笔修整一下刻面线，然后用桃红色补色笔（202#）覆盖暗部的刻面线，让整体过渡更自然。用灰色补色笔（84#）画出投影，并用浅洋红（21#）在投影处稍微加一些环境色。

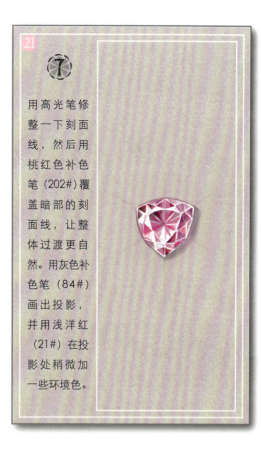

⑧ 用红色补色笔（2#）以及桃红色补色笔（202#）稍微涂画其暗部和灰部，提高颜色纯度，然后用黑色（9#）刻画投影处与宝石相切处的轮廓线，增强立体感。

祖母绿 EMERALD

祖母绿是最贵重的绿色宝石，拥有其他宝石无法比拟的鲜绿色，是五大贵重宝石之一。

祖母绿属于绿柱石家族，主要成分为铍铝硅酸盐，由于含有微量的铬元素而呈现艳绿色，铬的含量也是判断一颗绿色绿柱石是否能被称为祖母绿的基础标准。

① 画出祖母绿的形状以及刻面。先用白色（0#）涂画一层，再用黑色（9#）表现出暗部。

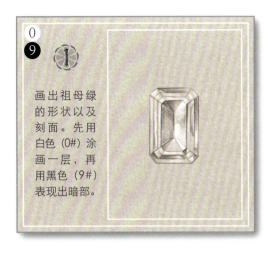

② 用正绿（5#）涂画出基本色调。

③ 用青绿（52#）加深祖母绿的暗部。

④ 用柳绿（50#）过渡暗部和亮部的颜色，使其过渡自然。

⑤ 用白色（0#）提亮亮部，然后用粉绿（550#）在灰部丰富祖母绿的色调。

⑥ 在亮部稍微涂画一些黄色（1#），使其色调更加丰富。

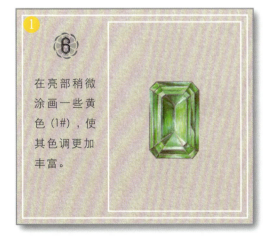

⑦ 用青绿（52#）加深祖母绿暗部，使其明暗对比明显。

⑧ 用浅绿色补色笔（51#）提高绿色的纯度，用高光笔画出高光和反光，投影用银灰（80#）、柳绿（50#）和白色（0#）涂画。

橙子·珠宝设计画册 I

珍珠 PEARL

珍珠被誉为"宝石皇后",是一种有机宝石。珍珠层是由母贝的分泌物在珍珠核表面形成的有机质和碳酸钙结晶质。其叠瓦状形貌造成珍珠具有晕彩和珍珠光泽,珍珠的珍珠层越厚,其光泽度越强。珍珠形状多样,有圆形、椭圆形、梨形、异形等,以正圆形且大为佳。其中珍珠分淡水珍珠和海水珍珠两大类。

金色珍珠

1 用圆形模板画16mm的圆。用荧光黄（10#）涂画出金色珍珠的基本色调。

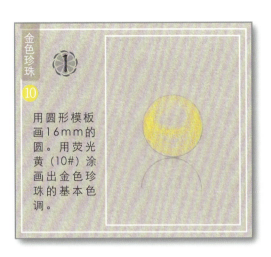

2 用土黄（16#）刻画明暗交界线以及投影，用白色（0#）涂画出高光和反光。

3 用砂黄（11#）涂画珍珠的灰部和暗部，然后用荧光黄（10#）过渡。

4 用焦黄色（73#）继续加强金色珍珠的暗部，然后用黄色（1#）过渡灰部和亮部。

5 用青橄榄（56#）涂画边缘反光部分，然后用荧光黄（10#）过渡。

6 用浅棕（49#）沿着金色珍珠加强边缘部分，令其立体感更强烈。

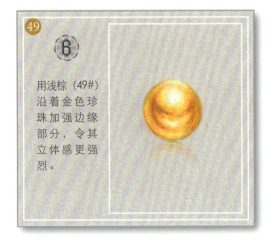

7 用黄色（1#）过渡，用铅笔修整毛边，令金色珍珠更圆润。

8 用白色（0#）加强高光和反光。

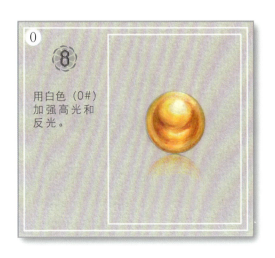

① 白色珍珠

用宝石模板画出水滴珍珠的形状,尺寸为18mm×11mm。

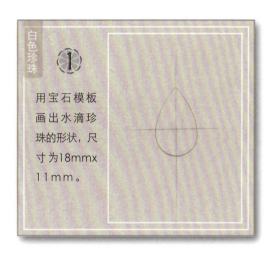

② 用白色（0#）涂画珍珠。

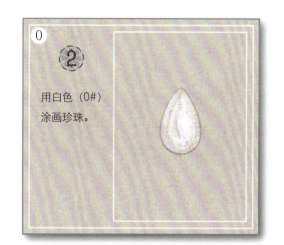

③ 用鸽灰（83#）和粉蓝（302#）沿着珍珠边缘涂画。

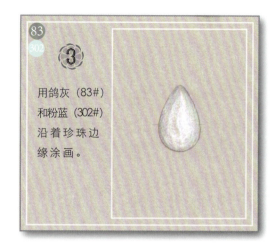

④ 叠加涂画一些黄色（1#），使珍珠的颜色更丰富。

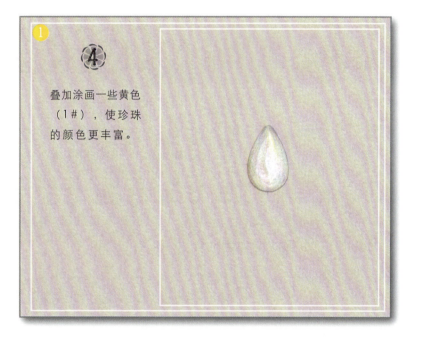

⑤ 用银灰（80#）画出珍珠明暗交界线。

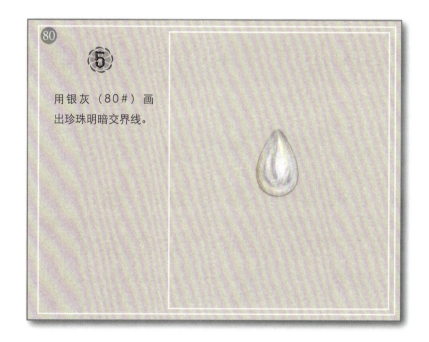

⑥ 用银灰（80#）加强明暗交界线，再用白色（0#）涂画高光和反光，使珍珠的明暗对比明显。

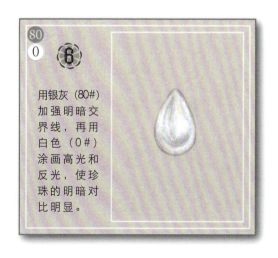

⑦ 受光源影响，背光偏暖色，因此，用浅洋红（21#）和黄色（1#）稍微涂画一些暖色调。

⑧ 用银灰（80#）画出珍珠的投影，再用黑色（9#）和白色（0#）过渡虚实。用高光笔加强珍珠的高光和反光。

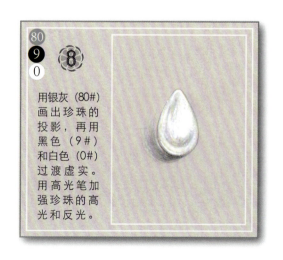

黑色珍珠

1 起形。画垂直辅助线，画一个直径为16mm的圆。

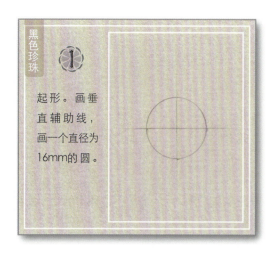

2 用灰色（8#）涂画黑珍珠，高光留白（黑珍珠并不是直接用黑色涂画，它的色调丰富，偏深蓝色）。

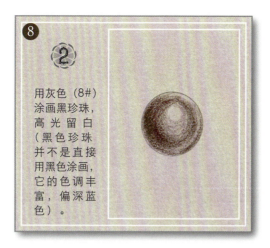

3 粉蓝（302#）涂画丰富珍珠的色调。

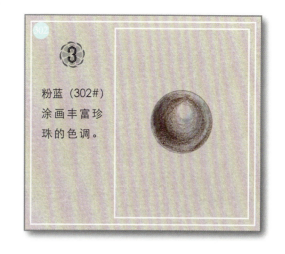

4 受光源影响，黑珍珠带有一些暖色调。用黄色（1#）涂画一些暖色。

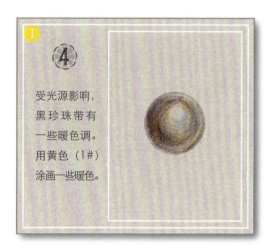

5 用黑色（9#）涂画出珍珠的明暗交界线。

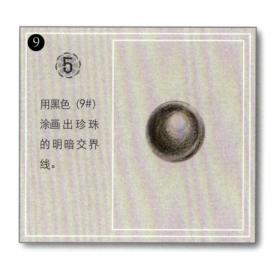

6 用较深的蓝色海洋蓝（38#）丰富黑珍珠的色调。

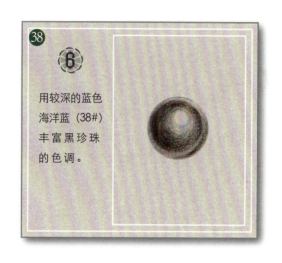

7 用黑色（9#）加强明暗交界线，用粉蓝（302#）在黑珍珠的反光和亮部涂画，亮部稍微再涂画一些粉陶（43#），使黑珍珠的颜色更丰富。

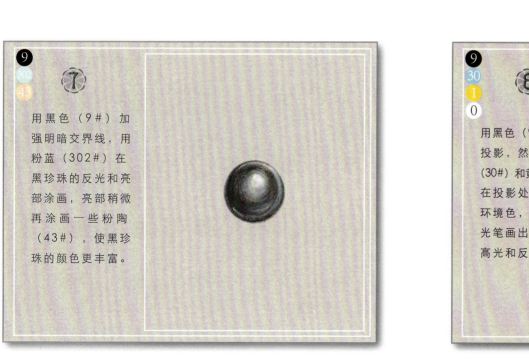

8 用黑色（9#）画出投影，然后用浅蓝（30#）和黄色（1#）。在投影处涂画一些环境色，最后用高光笔画出黑珍珠的高光和反光。

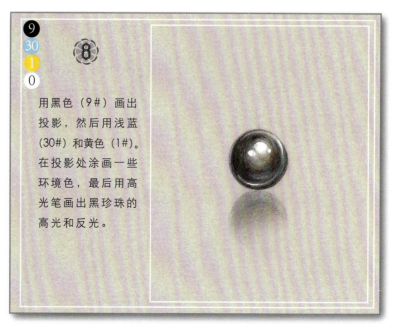

海蓝宝石 AQUAMARINE

海蓝宝石是一种浅绿色、带绿色调蓝色或浅蓝色的宝石级绿柱石,拥有如海水一样的蓝绿色。它的性质稳定、韧性好,和祖母绿属于同一家族,区别在于致色元素为铁元素。

海蓝宝石的颜色越深、净度越高,单位克拉价值越高。市场上绝大多数海蓝宝石都经过热处理,以去除绿色调,形成稳定的浅蓝色。

1
画出海蓝宝石的形状以及刻面。用白色（0#）涂画一层，可作为亮色。
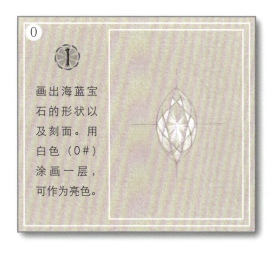

2
用粉蓝（302#）涂画出海蓝宝石的基本色调。
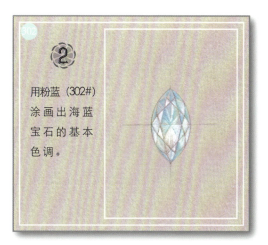

3
用银灰（80#）涂画出暗部。

4
用青蓝色（37#）在暗部涂画，丰富海蓝宝石的颜色。

5
用蓝绿（59#）加强暗部，使其明暗对比明显。
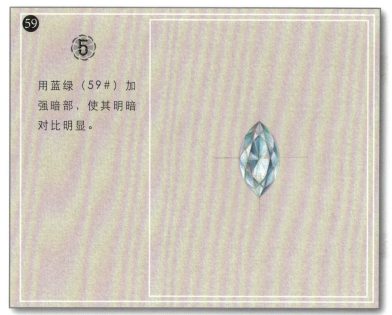

6
用银灰（80#）涂画出投影，然后用青蓝色（37#）在投影处涂画出海蓝宝石的环境色。
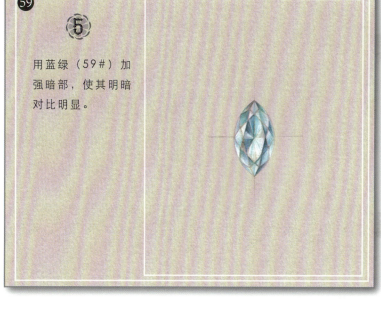

7
用高光笔画出高光、反光以及刻面线。用黑色（9#）在宝石相切处加强投影。
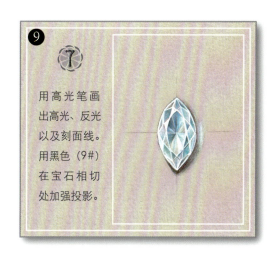

8
用毛笔沾水轻轻晕染过渡，使海蓝宝石更通透。用高光笔点出宝石台面的高光。

托帕石 TOPAZ

托帕石又被称为黄玉,作为天然宝石,其最常见的颜色是黄色,但目前市场上绝大多数蓝色托帕石都是经过辐照处理而着色的。托帕石的透明度很高,坚硬,有良好的反光效应,颜色美丽多样,而最著名的颜色是酒黄色。

① 用宝石模板画出水滴形的形状,尺寸为18mm×13mm,并画出刻面。
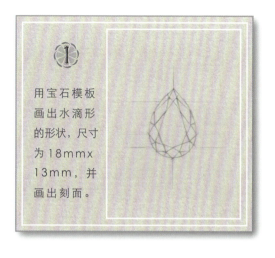

② 用白色(0#)涂画出托帕石的第一遍色调,方便后期提亮。

③ 用粉蓝(302#)涂画出托帕石的固有色调,然后用浅蓝(30#)加强托帕石深色部分。
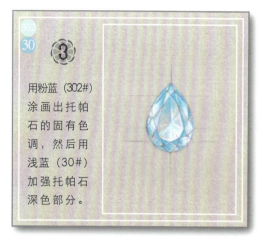

④ 用青蓝色(37#)加强托帕石的深色部分。

⑤ 用高光笔画出托帕石的高光、反光以及刻面线。

⑥ 用银灰(80#)画出投影,中间用白色(0#)涂画,然后用粉蓝(302#)覆盖前面所画投影来体现环境色。

⑦ 用黑色(9#)画外轮廓线、刻面线,注意线条虚实变化。

⑧ 用浅蓝(30#)加深背光部色调,再用粉蓝(302#)过渡,使其整体更为自然,最后用高光笔画出台面的高光。

碧玺 TOURMALINE

矿物名电气石,俗称碧玺,它是宝石中颜色最丰富的,可有粉红、红、绿、蓝、黄、褐等色,有时同一块碧玺上可出现多种颜色或两端具有截然不同的颜色。在单一的色种中,以大红、玫瑰红、绿色和天蓝色等艳丽色彩的碧玺为最佳。此外,碧玺的色彩越多越好,如双色碧玺、三色碧玺等。

1
用直尺画出祖母绿形状的碧玺以及刻面，尺寸为13mm×25mm。

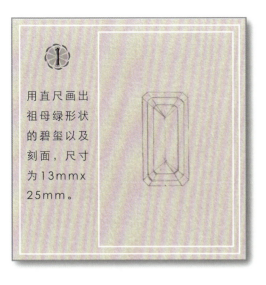

2
碧玺先用白色（0#）涂画，然后用荧光黄（10#）在暗部和灰部涂画。

7
在碧玺的右侧用灰色补色笔（84#）涂画出投影，然后用柳绿（50#）、荧光黄（10#）和绯红（24#）在投影处涂画一些环境色。

3
用柳绿（50#）笔触由下向上涂画，笔触力度逐渐减轻，可起到过渡作用。

4
用橘色（4#）涂画碧玺上方，然后用浅橘色（42#）过渡。用黄色（1#）过渡绿色和橙色部分。

5
用洋红色（29#）涂画橙色部分的暗部，使其明暗对比明显。

6
先用莱姆绿（53#）涂画绿色部分的暗部，然后用黄色（1#）作为绿色部分和橙色部分的过渡色。

8
在投影中间涂画一些白色（0#），表现出投影的反光。用高光笔画出碧玺的高光以及反光。最后用铅笔修整毛边。

① 画出碧玺的形状。用白色（0#）在碧玺的亮部和灰部涂画，以便后期提亮。

② 碧玺红色部分用绯红（24#）绿色部分用海洋蓝（38#）涂画。

③ 碧玺红色部分用红褐色（72#）加深；红色与绿色交接部分用粉绿（550#）过渡。

④ 用浅洋红（21#）过渡碧玺红色部分，然后用白色（0#）提亮整颗碧玺。

⑤ 碧玺红色部分继续用浅洋红（21#）丰富其色调。

⑥ 碧玺绿色部分用海洋蓝（38#）加深。

⑦ 用高光笔画出刻面线、高光和反光。投影先用黑色（9#）涂画，再用柳绿（50#）和浅洋红（21#）涂画出环境色。

⑧ 用红色（2#）、浅橘色（42#）和黄色（1#）丰富碧玺红色部分的色调，在投影处画出红色部分的环境色。

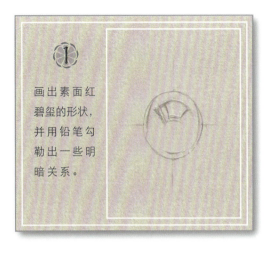

① 画出素面红碧玺的形状,并用铅笔勾勒出一些明暗关系。

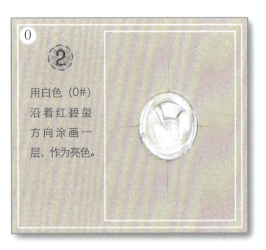

② 用白色(0#)沿着红碧玺方向涂画一层,作为亮色。

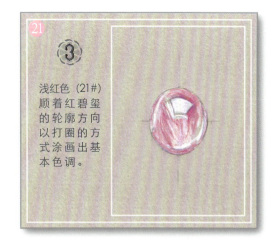

③ 浅红色(21#)顺着红碧玺的轮廓方向以打圈的方式涂画出基本色调。

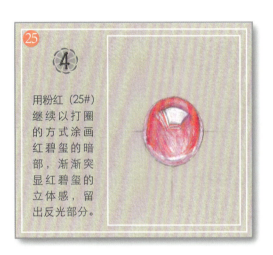

④ 用粉红(25#)继续以打圈的方式涂画红碧玺的暗部,渐渐突显红碧玺的立体感,留出反光部分。

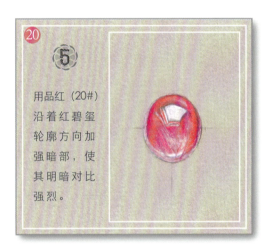

⑤ 用品红(20#)沿着红碧玺轮廓方向加强暗部,使其明暗对比强烈。

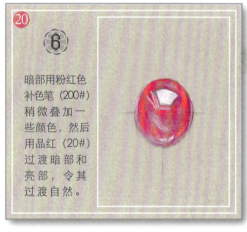

⑥ 暗部用粉红色补色笔(200#)稍微叠加一些颜色,然后用品红(20#)过渡暗部和亮部,令其过渡自然。

⑦ 桃红色补色笔(202#)和红色补色笔(2#)丰富暗部色调。反光部分涂画一些紫色(6#)和浅洋红(21#)丰富色调,最后反光部分用高光笔提亮,令它更通透。用灰色补色笔(84#)画出投影。

⑧ 用高光笔画出红碧玺的高光和反光,然后用品红(20#)过渡。投影用黑色(9#)加强虚实,并用浅洋红(21#)表现其环境色。

沙弗莱石 TSAVORITE

沙弗莱石是一种天然绿色的稀有宝石，是石榴石家族中的一员。其化学名称为铬钒钙铝榴石，因含有微量的铬元素和钒元素，娇艳翠绿，赏心悦目。沙弗莱石拥有接近祖母绿的浓郁绿色，又有超过祖母绿的净度和火彩，颜色可以从浅绿色至深绿色，最高品质的颜色是接近于祖母绿的浓郁蓝绿色，其次是明亮绿色的宝石。

① 用宝石模板画出水滴形以及刻面，尺寸18mm×13mm。

② 用黑色（9#）涂画出宝石的暗部，注意最暗的部分笔触力度可加重。
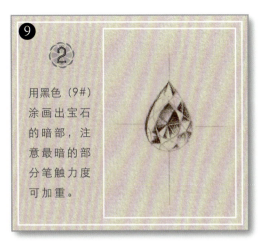

③ 用浅绿色补色笔（51#）画出沙弗莱石的灰部，然后用深绿色补色笔（5#）过渡灰部和亮部。

④ 用粉蓝（302#）涂画出沙弗莱石的反光刻面。

⑤ 用粉绿（550#）过渡灰部与亮部，并用白色（0#）提亮沙弗莱石，使其明暗对比明显。

⑥ 用柳绿（50#）和莱姆绿（53#）过渡，接着涂画一些粉蓝（302#）丰富色调。

⑦ 用高光笔沿着刻面线描画，提亮整颗沙弗莱石，然后用浅蓝色补色笔（313#）轻轻覆盖暗部的刻面线。

⑧ 用暖灰（85#）涂画出投影，接着用柳绿（50#）画出环境色，最后用白色（0#）表现出投影的透光。

橙子·珠宝设计画册 I

锰铝榴石 SPESSARTINE

锰铝榴石是一种天然橙色的宝石，属于石榴石家族的一员，颜色从接近深红橙色至明亮的橙色，呈现出醒目火彩和温暖色泽。褐色调的锰铝榴石会降低宝石的价值，而受人追捧的明亮橙黄色的锰铝榴石，被称为橘榴石，由于这种颜色很像芬达汽水的颜色，也会被亲切称为芬达石榴石。

① 画出尺寸为15mm的肥三角以及刻面,然后用白色(0#)涂画出锰铝榴石的第一遍色调,以便后期提亮。

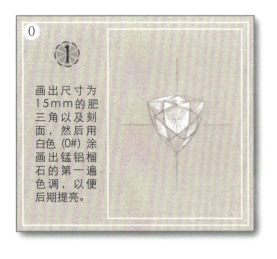

② 用黄色(1#)涂画出锰铝榴石的浅色调。

③ 用砂黄(11#)表现出暗部。

④ 用橘色(4#)加深暗部,使锰铝榴石的明暗对比强烈。

⑤ 用绯红(24#)继续刻画暗部,令其暗部的颜色更丰富。

⑥ 用紫红(260#)刻画最暗处并用橘色(4#)过渡。用银灰(80#)涂画出投影,再用黄色(1#)画出环境色。

⑦ 用高光笔画出高光、反光以及刻面线。用黑色(9#)涂画宝石与投影相切处,以突出立体感。

⑧ 用毛笔沾水晕染,增强宝石的通透感。再用高光笔在台面点出高光并轻轻画斜线,表现出台面的反光效果。

橙子·珠宝设计画册Ⅰ

尖晶石 SPINEL

尖晶石是一种美丽而具有良好耐久度的宝石，折射率也接近红宝石。常见颜色有无色、粉色、橙色、红色、蓝色、紫色和黑色。

尖晶石的质量主要从颜色、透明度、净度、切工和大小等方面进行评估，其中颜色最为重要。颜色以深红色最佳，其次是紫红、橙红、浅红色和蓝色，要求颜色纯正、鲜艳。透明度越高，瑕疵越少，则质量越好。

红尖晶

① 用宝石模板画出椭圆形以及刻面，尺寸为18mm×13mm，然后用白色（0#）涂画一层亮部的底色。

② 用红色（2#）涂画出红尖晶的基本色调，接着用白色（0#）过渡并加强亮部。
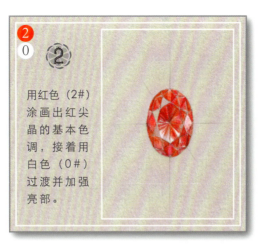

③ 亮部用浅洋红（21#）涂画，接着用红色（2#）过渡，使其过渡自然。

④ 用高光笔涂画出高光刻面与刻面线，台面以射线的方式由外向内涂画，可增加红尖晶的通透感，最后画出刻面线。

⑤ 用黑色（9#）刻画暗部，然后用红色补色笔（2#）过渡暗部和灰部，并勾画出刻面线，让整体更融洽。

⑥ 用红色（2#）整体微调整，然后用灰色补色笔（84#）在红尖晶的右下方画出投影。

⑦ 用铅笔修整毛边，用高光笔过渡一下高光刻面。

⑧ 用高光笔点出红尖晶台面的高光。

① 用宝石模板画出正方形以及刻面,边长为15mm。用白色(0#)涂画出第一遍色调,以便后期提亮。

② 用浅洋红(21#)涂画出粉尖晶的浅色调。

③ 用桃红色补色笔(202#)进一步涂画出各个面的深色区域,笔触由重到轻,丰富粉尖晶的光影变幻。

④ 用高光笔画出高光、反光以及刻面线,整体提亮宝石。

⑤ 用浅洋红(21#)过渡转折面的深色区域,使它的颜色过渡自然。

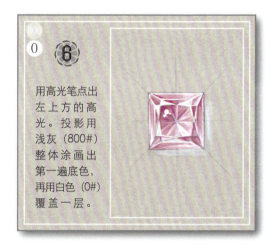

⑥ 用高光笔点出左上方的高光。投影用浅灰(800#)整体涂画出第一遍底色,再用白色(0#)覆盖一层。

⑦ 桃红色补色笔(202#)加强背光部以及受光部转折处的深色调,但受光部的色调始终要保持比背光部的浅。用浅洋红(21#)轻刷一层在投影上,最后用白色(0#)提亮以表现宝石的通透性。

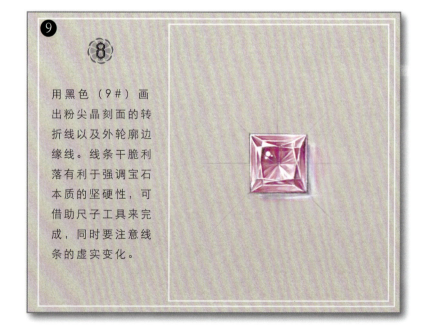

⑧ 用黑色(9#)画出粉尖晶刻面的转折线以及外轮廓边缘线。线条干脆利落有利于强调宝石本质的坚硬性,可借助尺子工具来完成,同时要注意线条的虚实变化。

黄尖晶

① 起形。用宝石模板画出枕形以及刻面，尺寸为15mm。

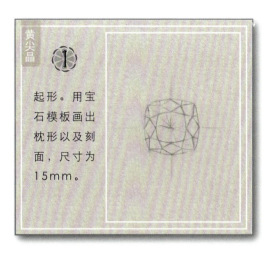

② 用白色（0#）涂画出亮部的底色。

③ 用黄色补色笔（1#）涂画出黄尖晶的基本色调。

④ 用中黄色补色笔（10#）提亮，注意灰部与亮部之间的过渡要自然。

⑤ 用黄色（1#）过渡，然后用土黄（16#）加深暗部，最后用灰色补色笔（84#）涂画出投影。

⑥ 用黄色（1#）、土黄（16#）以及焦黄色（73#）继续刻画暗部，让整体立体感更强烈。

⑦ 用高光笔画出刻面线以及高光刻面，因高光与反光的亮度是有区别的，因此用荧光黄（10#）和土黄（16#）稍微覆盖反光处的刻面线。

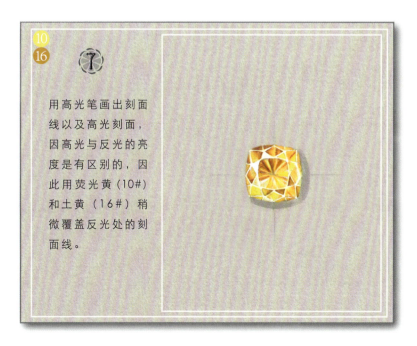

⑧ 用黄色补色笔（1#）和中黄色补色笔（10#）增加黄尖晶的纯度，让整颗黄尖晶的颜色更鲜艳。

橙·橙子·珠宝设计画册Ⅰ

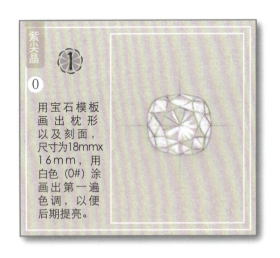

紫尖晶

① 用宝石模板画出枕形以及刻面，尺寸为18mm×16mm，用白色（0#）涂画出第一遍色调，以便后期提亮。

② 用薰衣草紫（62#）涂画出紫尖晶的基本色调，暗部的笔触力度可稍微加大，并逐渐过渡到亮部。

③ 用紫色（6#）涂画出暗部。

④ 在灰部和台面稍微涂画洋红色（29#）和浅洋红（21#），让紫尖晶的整个色调更加丰富，然后用紫色（6#）和薰衣草紫（62#）过渡，让整体色调过渡自然。

⑤ 继续用白色（0#）、紫色（6#）和浅洋红（21#）涂画，让整体色调更丰富。

⑥ 用高光笔画出刻面线以及高光刻面。

⑦ 用灰色补色笔（84#）画出投影。用品红（20#）过渡亮部。

⑧ 用黑色（9#）加强暗部与投影，然后用白色（0#）提亮亮部以及投影。

蓝尖晶

① 用模板画出三角形以及刻面，尺寸为15mm，用白色（0#）涂画出亮部与灰部。

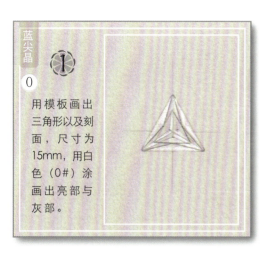

② 用粉蓝（37#）涂画出尖晶的基本色调。

③ 用蓝色（3#）加强蓝尖晶的深色部分。

④ 用粉蓝（302#）和白色（0#）提亮蓝尖晶。

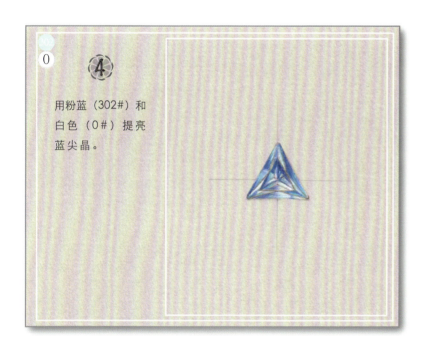

⑤ 用松绿（35#）在蓝尖晶的灰部涂画，丰富蓝尖晶的色调。

⑥ 用黑色（9#）画出投影，再用浅蓝（30#）涂画出环境色，最后用白色（0#）表现出投影的透光性。

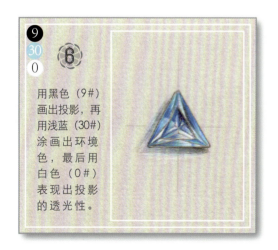

⑦ 用高光笔画出刻面线、高光和反光。用深蓝色补色笔（37#）和湖蓝色补色笔（34#）涂画，使其颜色更鲜艳。

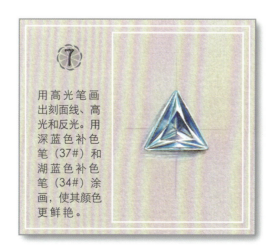

⑧ 整体用粉蓝色（302#）调整，用高光笔画出台面的高光。

橙 · 子 · 珠宝设计画册 I

紫黄晶 AMETRINE

紫黄晶是水晶中的一种,因至少能同时呈现紫、黄两种颜色而得名,宝石级的天然紫黄晶珍贵而稀有。紫黄晶的紫色代表智慧,黄色代表财富。

① 画出枕形以及刻面，尺寸为16mm×14mm，用白色（0#）涂画出亮部。

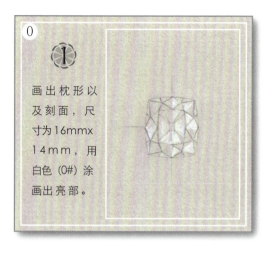

② 紫黄晶黄色和紫色部分用荧光黄（10#）和薰衣草紫（62#）涂画，注意黄色与紫色交接处的过渡。

③ 用橘色（4#）加深黄色部分并用砂黄（11#）过渡。薰衣草紫（62#）在黄色部分、砂黄（11#）在紫色部分涂画使整体色调统一。

④ 紫黄晶暗部用绯红（24#）加强，接着用橘色（4#）和薰衣草紫（62#）过渡。

⑤ 用高光笔勾画出刻面线并涂画出它的高光和反光。

⑥ 暗部用木槿紫（61#）加强，用灰色补色笔（84#）画出投影，用薰衣草紫（62#）和荧光黄（10#）涂画出环境色。

⑦ 用灰色补色笔（84#）加强投影，令其虚实关系更明显。用高光笔在台面画两条斜线，表现出光在紫黄晶台面的反光，增强其通透感。

⑧ 用高光笔调整紫尖晶的高光，令它更透亮。

摩根石 MORGANITE

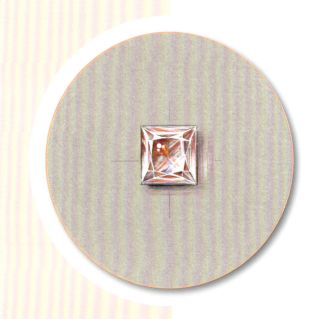

摩根石是少有的天然呈粉红色的宝石,与祖母绿、海蓝宝石一样属于绿柱石家族。摩根石的颜色由锰元素致色,能够呈现出漂亮的桃色、玫瑰色、粉红色或带有橙色调的粉色,其中粉红色和玫瑰色的价格较高。

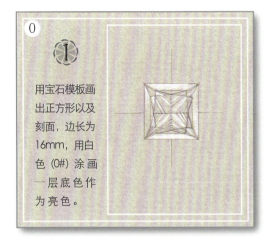

① 用宝石模板画出正方形以及刻面,边长为16mm,用白色(0#)涂画一层底色作为亮色。

② 用浅洋红(21#)涂画出摩根石亮色调。

③ 用绯红(24#)涂画出摩根石的深色区域。

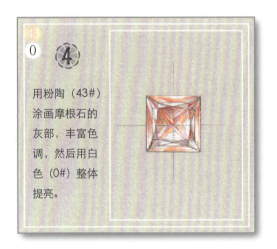

④ 用粉陶(43#)涂画摩根石的灰部,丰富色调,然后用白色(0#)整体提亮。

⑤ 在暗部稍微涂画一些薰衣草紫(62#)丰富色调,然后用浅洋红(21#)过渡。

⑥ 用黑色(9#)画出投影,接着用浅洋红(21#)和粉陶(43#)涂画出环境色,然后用白色(0#)表现出投影透光性。

⑦ 用高光笔画出刻面线、高光和反光。

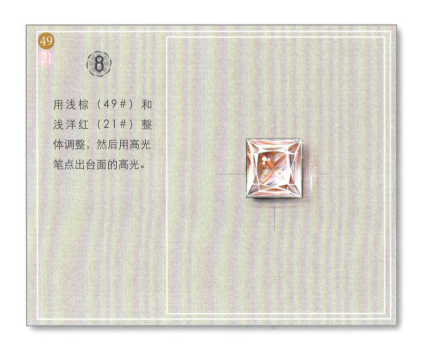

⑧ 用浅棕(49#)和浅洋红(21#)整体调整,然后用高光笔点出台面的高光。

翡翠 JADE

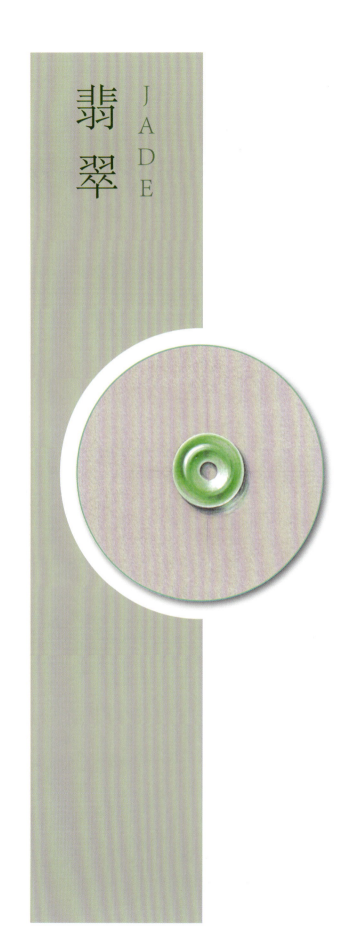

翡翠是以硬玉矿物为主的辉石类矿物组成的纤维状集合体，是一种珍贵的宝石，有"玉中之王"的美誉。红者为翡，绿者为翠，用以形容翡翠玉石既有红色的翡玉，又有绿色的翠玉，其中以绿色为上品。翡翠因其艳丽和多彩的颜色备受推崇。

① 用圆形模板16mm画外圆、4mm画内圆。用白色（0#）涂画一层底色。

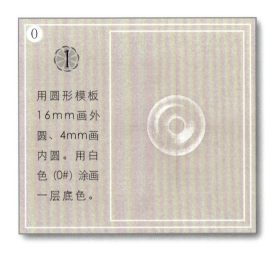

② 用粉绿（550#）涂画出平安扣基本色调。

③ 用柳绿（50#）涂画出平安扣的明暗交界线。

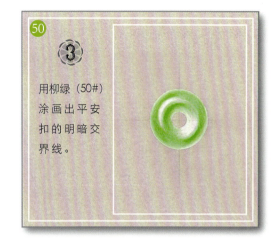

④ 用正绿（5#）加强明暗交界，使其明暗对比明显，然后用粉绿（550#）和白色（0#）过渡暗部和亮部，使整体过渡自然。

⑤ 在右下方先用鸽灰（83#）画出投影，然后用粉绿（550#）涂画出平安扣在投影处的环境色，最后用白色（0#）稍微过渡。

⑥ 用黑色（9#）加强暗部的轮廓线、明暗交界线以及与平安扣相切处的投影，增强立体感。

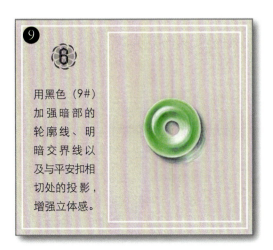

⑦ 用橡皮擦轻轻擦除灰部一些颜色，增强其通透感。

⑧ 用高光笔加强高光和反光，令整体的明暗对比强烈，突显平安扣的立体感。

猫眼石 CAT'S EYE

猫眼石常被人们称为"高贵的宝石"。它和变石一起属于世界五大珍贵高档宝石之一。具有特殊光学效应（猫眼效应）的金绿宝石，才直接命名为猫眼，其他具有猫眼效应的宝石需要在前面加上宝石的具体名称。猫眼石的最佳颜色是极强的淡黄绿色、棕黄色和蜜黄色，其次是绿色，再次是略深的棕色。

① 用椭圆形模板20mm描画出宝石轮廓。先用白色（0#）涂画一遍底色，然后再用黄色（1#）涂画。

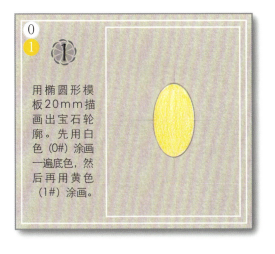

② 用白色（0#）涂画出猫眼石中间的活动光带（这是它的基本特征），注意是一条弧线而不是直线。

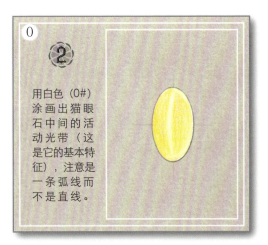

③ 猫眼石的明暗交界线用青橄绿（56#）涂画出。

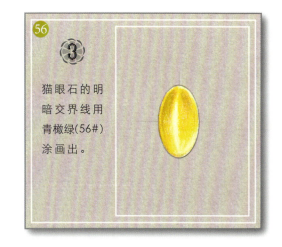

④ 用高光笔画出活光、高光以及反光。

⑤ 用灰色补色笔（84#）画出投影的第一遍色调。

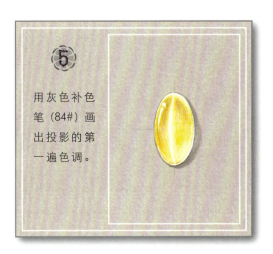

⑥ 用黄色（1#）加强猫眼石的固有色并涂画出环境色。然后用白色（0#）过渡反光区使整体色调协调自然。

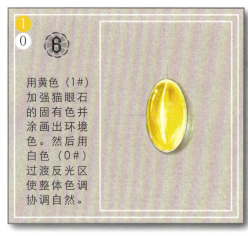

⑦ 用青橄绿（56#）加深明暗交界线，投影用白色（0#）和黄色（1#）画出透光，以此来体现出猫眼石的立体感和通透感。

⑧ 用黑色（9#）在与猫眼石相切处画投影开端，此处色调是整体最深处，投影末端则画浅些，以此来拉开对比，增强空间立体感。

葡萄石 PREHNITE

葡萄石是一种硅酸盐矿物,通常出现在火成岩的空洞中,有时也出现在钟乳石上。它的颜色从浅绿色到灰色之间,还有白、黄、红等色调,但常见的为绿色,黄色极为稀有和珍贵,呈透明或者半透明状。葡萄石因其通透细致的质地、优雅清淡的嫩绿色、含水欲滴的透明度,神似顶级冰种翡翠的外观。

① 用圆形模板18mm画圆。然后用白色（0#）涂画一层，作为亮部提亮的用途。 	② 沿着葡萄石暗部用粉绿（550#）涂画出基本色调。 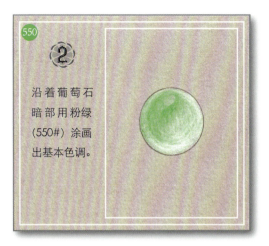	③ 用粉蓝（302#）在反光处涂画并用白色（0#）过渡。 
④ 用橄榄绿（57#）加强明暗交界线，突显其明暗对比。 		⑤ 用暖灰（85#）继续涂画暗面，令暗部的色调更丰富。 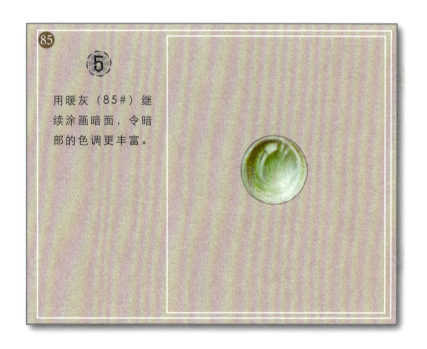
⑥ 银灰（80#）先画出投影，然后用粉绿（550#）涂画出环境色，白色（0#）在投影的中间涂画，表现其投影处的光影变化。 	⑦ 用高光笔画出高光和反光，用黑色（9#）在与宝石相切处加强投影，突显其立体感。 	⑧ 用毛笔沾水轻轻晕染，使葡萄石更通透。 

橙子 · 珠宝设计画册 Ⅰ

月光石 MOONSTONE

月光石为长石族矿物，通常为半透明，呈现蓝色调至银色调、金色调的反射效应。其淡蓝色晕彩，颇似秋夜的月光效应（冰长石晕彩），有诗为证：青光淡淡如秋月，谁信寒色出石重。优质月光石产于斯里兰卡、缅甸等地。

① 用大椭圆形形模板20mm描画出月光石的轮廓。然后用灰色补色笔（84#）涂画出暗部。

② 用白色（0#）涂画出亮部和反光，然后在反光处稍微加一些粉陶（43#）。

③ 用浅蓝（30#）涂画出月光石的蓝色调。

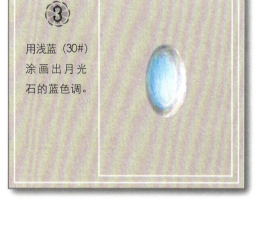

④ 用松绿（35#）叠加蓝色部分，让蓝色部分的颜色更丰富。

⑤ 在明暗交界线用薰衣草紫（62#）加强，然后用浅蓝（30#）使之过渡自然。

⑥ 由于光源从左上方射入，因此用高光笔在月光石的左上方画出高光。

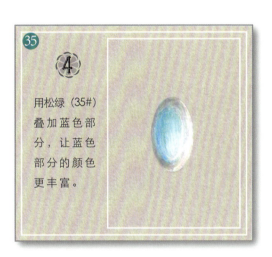
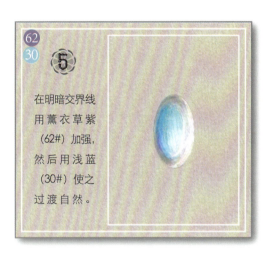

⑦ 用灰色补色笔（84#）在右下方画出投影，然后用白色（0#）在投影处叠加，表现出月光石在投影处的反射光。用铅笔修整毛边。

⑧ 用高光笔在反光处轻轻描边，令月光石更通透。投影用浅蓝（30#）涂画一些环境色，然后用白色（0#）稍微过渡。

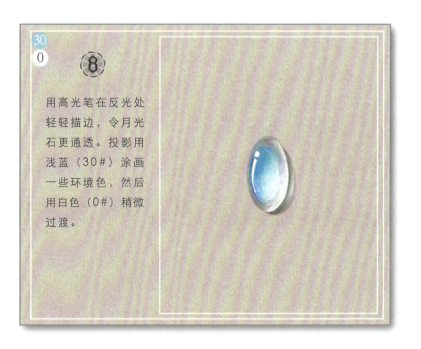

绿松石 TURQUOISE

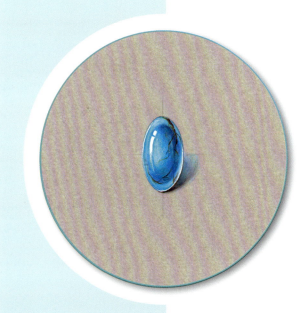

绿松石是一种不透明的、有孔隙的多晶质宝石，经常有色斑或者深棕色至黑色的矿脉纹理，适合打磨抛光成弧面。

绿松石因含有铜元素和铁元素而呈现天蓝色至绿色的独特颜色，而含铜多的绿松石更蓝，含铁多的绿松石则更绿。

其价值主要由颜色和质地决定。颜色越接近天蓝色价值越高，越浅价值越低；质地越接近瓷质价值越高。绿松石品种之最为瓷松石，呈天蓝色、质地致密坚韧，破碎后断口如瓷器断口，异常光亮。

1
用大椭圆形模板20mm画出绿松石的轮廓（辅助线笔触尽轻，方便后期擦除）。

2
用白色（0#）涂满整颗绿松石，方便后期提亮。

3
粉蓝（302#）涂画出绿松石的基本色调，注意区分清楚亮部和暗部。
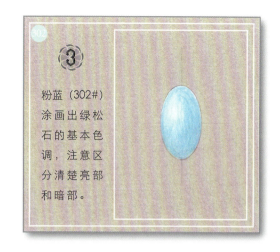

4
用粉绿（550#）涂画受光部，接着用青蓝色（37#）初步画出绿松石的明暗交界线，突显其立体感。
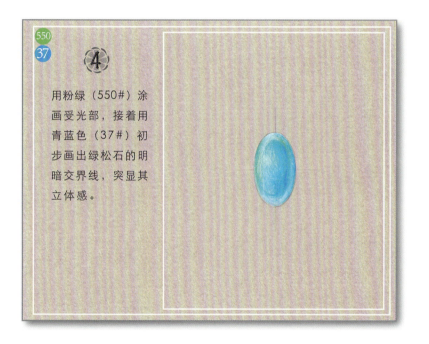

5
用彩陶蓝（63#）加深明暗交界线，接着用浅蓝（30#）在明暗交界线处过渡出去使得整体色调协调自然。
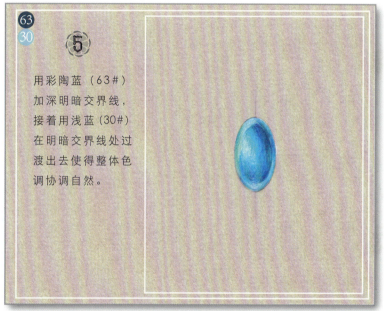

6
用细毛笔沾水将绿松石轻抹均匀，使整体色调更加通透有质感。
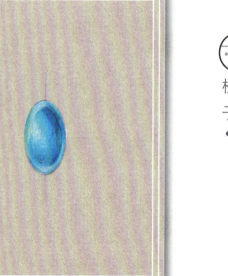

7
高光笔画出绿松石的高光和反光。灰色补色笔（84#）画出投影，注意投影前重后轻的虚实变化。
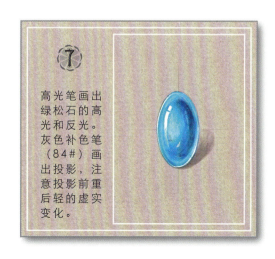

8
用深土黄(19#)画出绿松石的铁线，再用黑色（9#）加重以体现它的光影变化。用彩陶蓝（63#）画出环境色。
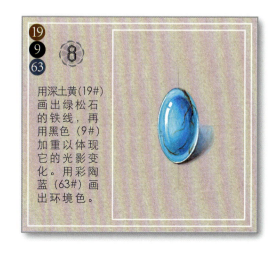

橙子・珠宝设计画册I

钛晶 QUARTZ RUTILATED

发晶是指在水晶中含有发状、丝状、针状等矿物晶体形态的水晶晶体。而钛晶属于包裹体水晶中的一种发晶。钛晶内部的珍状发丝型矿物质的学名为金红石,其中品相优等的钛晶堪称是现今最珍贵的水晶类宝石之一。

① 用椭圆形模板20mm描画出钛晶的形状，然后用铅笔画出它的明暗以及钛晶内所含丝状矿物的方向。

② 浅棕色（49#）沿着明暗交界线顺着钛晶丝状的方向涂画。

⑦ 用灰色补色笔（84#）画出其投影，并轻轻覆盖钛晶的暗部，使颜色过渡自然。

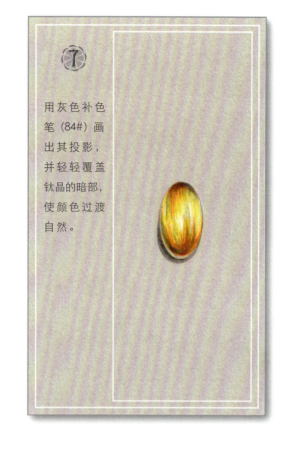

③ 白色（0#）涂画出钛晶的亮部与反光。

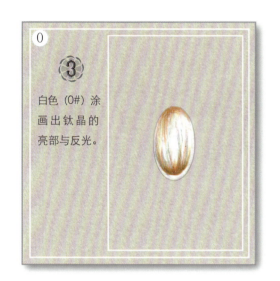

④ 用土黄（16#）过渡暗部和亮部，然后用焦黄色（73#）加强明暗交界线。

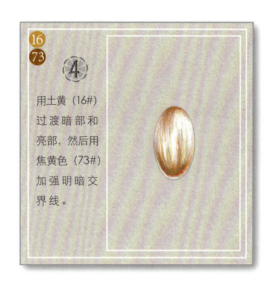

⑧ 在高光位用高光笔沿着钛晶丝状的方向画出高光。反光处涂画一些鸽灰（83#），令整体色调更协调。

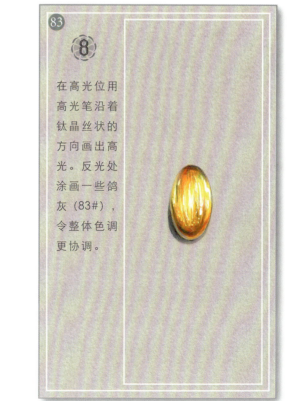

⑤ 荧光黄（10#）顺着钛晶丝状的方向画出其基本色调，注意留出高光，然后用柠檬黄（12#）和土黄（16#）过渡。

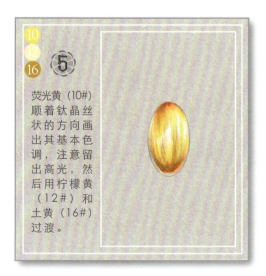

⑥ 铅笔由明暗交界线位置向内画出钛晶的丝状，注意暗部的丝状较密集。用浅橘（42#）和柠檬黄（12#）过渡，让丝状融合。

红纹石 RHODOCHROSITE

红纹石的学名叫菱锰矿，因组成成分锰离子而呈现或深或浅的粉红色调，伴有乳白色条纹呈波纹状分布，冰种的红纹石非常稀有，通体粉红。在中国红纹石主要产自东北、北京、赣南等地。

1. 画垂直辅助线，用椭圆形模板20mm画出宝石的形状。

2. 用白色（0#）涂画出红纹石的第一遍色调以及纹理。

3. 在白色条纹间用浅洋红（21#）涂画。

4. 用粉陶（43#）丰富红纹石的色调。

5. 红纹石深色部分用洋红色（29#）加深。

6. 用绯红（24#）过渡。用白色（0#）加强亮部和反光，增强明暗对比。

7. 用暖灰（85#）涂画出投影，然后用绯红（24#）在投影处涂画出环境色，最后用白色（0#）在中间涂画表现出投影处的透光性。

8. 用毛笔沾水轻轻晕染，然后用红色（2#）加强颜色的饱和度，使其颜色更鲜艳。用黑色（9#）在与宝石相切处画出投影，加强投影虚实，突出宝石的立体感。用高光笔画出高光。

玛瑙 AGATE

玛瑙是玉髓类矿物的一种，其颜色丰富，通常有绿色、红色、黄色、褐色、白色等多种颜色，且色彩相当有层次，有半透明或不透明状的构造的形态多样，有乳房状、葡萄状、结核状等，常见的为同心圆构造。天然玛瑙颜色分明，条带花纹十分明显，色泽鲜明光亮。

1
用椭圆形模板画出宝石形状，尺寸为20mm。

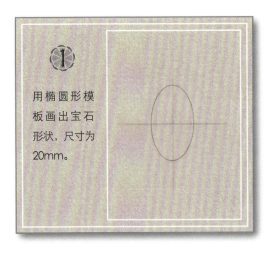

2
用白色（0#）涂画出玛瑙的第一遍色调以及纹理。

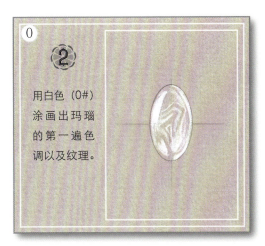

3
用绯红（24#）涂画出玛瑙的色调。

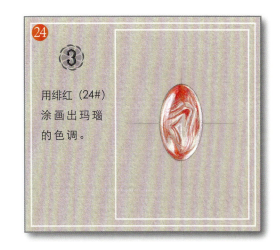

4
用相近色粉陶（43#）丰富玛瑙的色调，在过渡区域可叠加涂画使其过渡自然。

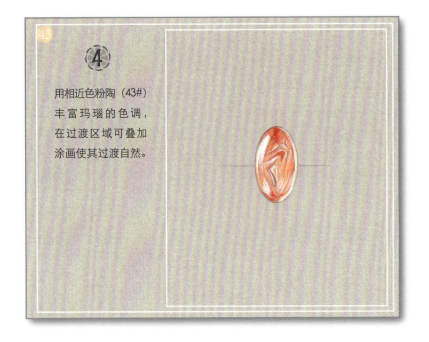

5
用黄色（1#）继续涂画，使其色调更丰富。

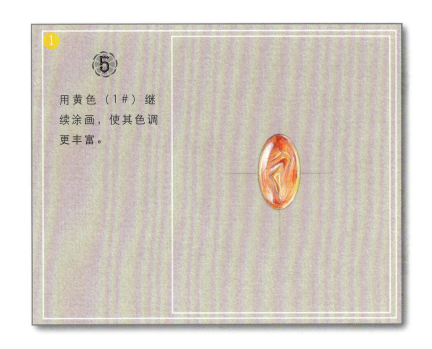

6
用红色对比色加深暗部。然后用橄榄绿（57#）加深深色区域，最后用洋红色（29#）和绯红（24#）过渡。

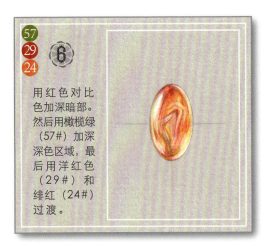

7
用暖灰（85#）涂画出投影，用黄色（1#）涂画出环境色，然后用白色（0#）画出投影的透光性。

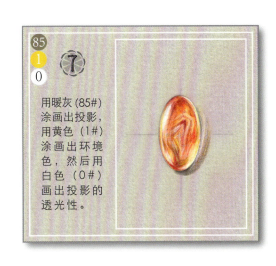

8
用毛笔沾水轻轻晕染，用高光笔涂画出高光，用黑色（9#）加强与玛瑙相切处的投影，增强立体感。

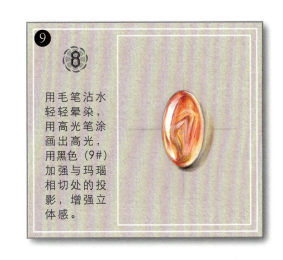

珊瑚 CORALLINE

珊瑚是珊瑚虫群体或骨骼化石。在深海里的自然生长状态下，珊瑚的形状千奇百怪，颜色丰富鲜艳美丽。常见的颜色有：浅粉红色至深红色、橙色、白色，少见黑色，偶见蓝色和紫色。一般而言，体积越大、颜色越红、瑕疵越少并呈蛋面的珊瑚最为名贵。

①
起形，用铅笔粗略地画出珊瑚的外形，笔触要轻以便后期修改。

②
用白色（0#）涂画出珊瑚的第一遍色调，方便后期提亮。

⑦
用高光笔画出高光以及反光，浅洋红（21#）涂画反光和高光上部分。一方面使反光弱于高光，另一方面体现出高光的推移，增强视觉中心的聚焦效果。

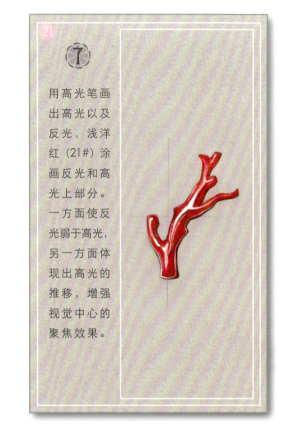

③
用红色（2#）先涂画出珊瑚的深色调区域，注意笔触的深浅变化。

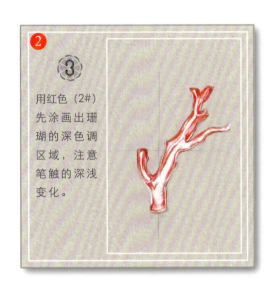

④
用红色（2#）继续涂画它的主色调，高光及反光留白。

⑤
用浅洋红（21#）涂画珊瑚的受光、反光以及高光，使其颜色更丰富。

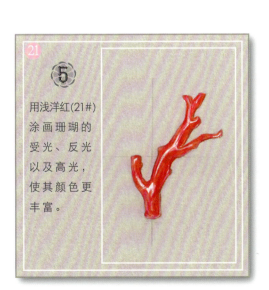

⑥
用黑色（9#）加强珊瑚暗部的轮廓和高光边缘。用红色补色笔（2#）加深转折、背光，使其颜色更加鲜艳。

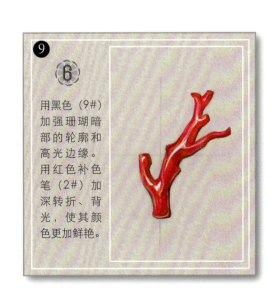

⑧
投影用灰色补色笔（84#）画出底调，接着用浅洋红（21#）覆盖一层以表现环境色，最后用细毛笔沾少许水涂抹均匀，使其色调更加柔和自然。

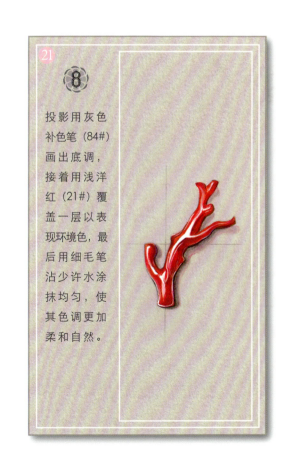

橙子·珠宝设计画册Ⅰ

欧泊 OPAL

欧泊是一种非晶质的宝石,可以分为两种:一种是变彩效应,被称为贵欧泊;一种是无变彩效应,被称为普通欧泊。因其主要成分是二氧化硅和水,也被称为蛋白石或者澳宝。光源下转动可以看到五颜六色的色斑,以色彩丰富、鲜艳,红色变彩较多且分布均匀,明亮,图案漂亮为佳。产于澳大利亚、巴西、墨西哥和埃塞俄比亚等。欧泊的加工工艺直接影响到欧泊的价值,包括切割、打磨以及独具匠心的设计和镶嵌工艺。

1
用铅笔粗略地画出外形。

2
用白色（0#）涂画出火欧泊的亮部。
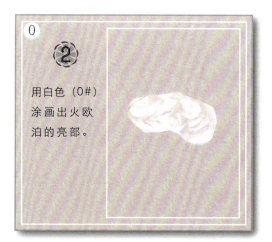

3
用黄色（1#）涂画出火欧泊的亮部色调，接着用橘色（4#）画出深色区域。

4
用粉蓝（302#）和薰衣草紫（62#）画出火欧泊左上方的变彩，用柳绿（50#）在亮面处涂画，注意笔触的轻重变化。

5
投影先用暖灰（85#）涂画一层，然后用橘色（4#）画出火欧泊在投影处的环境色，接着用砂黄（11#）过渡。
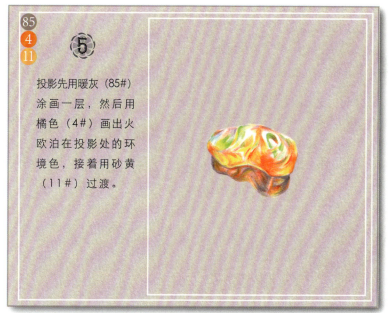

6
用红色（2#）加深深色区域，然后用橘色（4#）过渡并加强投影，最后用黑色（9#）表现投影虚实的变化。
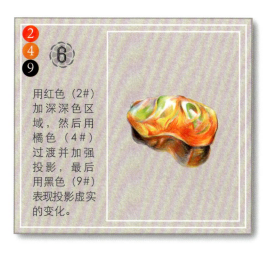

7
用高光笔画出高光和反光，使火欧泊的质感更加强烈。

8
用中黄色补色笔（1#）过渡高光和反光，使其过渡自然。投影用毛笔沾少许水轻轻晕染。

橙子 · 珠宝设计画册 I

孔雀石 MALACHITE

孔雀石是一种天然矿石，也是一种古老的玉料。色泽艳丽，呈翠绿色或草绿色的块石，且纹理优美，条状的花纹色彩浓淡相间。它比玻璃更娇贵，韧性差，非常脆弱，易碎且害怕碰撞。孔雀石以孔雀绿色为最佳，且花纹要清晰、美观。

1
起形，作垂直线。用铅笔粗略地画出孔雀石的外形，笔触要轻以便后期修改。

2
用白色（0#）涂画出孔雀石的的纹理以及亮部。

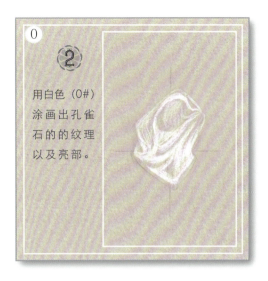

3
用柳绿（50#）顺着纹理方向涂画出孔雀石的基本色调。

4
主色调用粉绿（550#）继续涂画，高光及反光留白。

5
用柳绿（50#）加强纹理变化以及孔雀石表面的凹凸感。

6
用青绿（52#）加强孔雀石暗部并涂画一些青蓝色（37#）丰富暗部色调。橄榄绿（57#）过渡暗部和亮部。

7
用暖灰（85#）涂画出投影，然后用莱姆绿（53#）涂画出孔雀石在投影处的环境色，最后用白色（0#）在与孔雀石相切处涂画，表现出投影处的透光性。

8
用毛笔沾水轻轻晕染。高光笔涂画出高光和反光。深绿色补色笔（51#）和浅绿色补色笔（5#）加强孔雀石的纹理，使其纹理清晰、鲜艳。用黑色（9#）加强投影处的轮廓线，突显立体感。

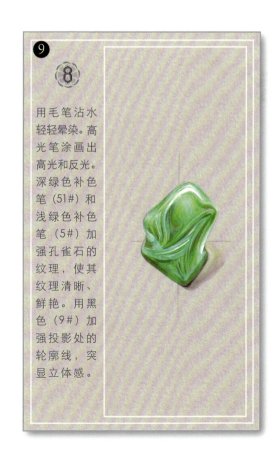

主要参考文献

李娅莉，李立平，薛秦芳等. 宝石学教程（第2版）[M].武汉.中国地质大学出版社.2011

申柯娅. 宝石学鉴定实用宝典[M].上海.上海人民美术出版社.2014

理查德·约特. 视觉艺术用光[M].杭州.浙江摄影出版.2015

田树谷. 珠宝翡翠收藏入门[M].北京.印刷工业出版社.2011

参考图片来源于"视觉中国"网站. https://www.vcg.com/

后 记

[我们一起成长，一起实现梦想]

非常荣幸能在这里认识大家，感谢你们的支持和信任。你们愿意为知识产权买单，说明你们本身就是很有素质、很有知识的一群人，毕竟国内对知识产权的保护还不是很给力。

很多人都想从事珠宝设计工作，其实设计工作并没有大家想象中的那么困难，当然也不是那么简单，跟其他工作一样，都需要我们付出心血和汗水，都需要时间的积累才能做好，希望我们的经验能在这条路上帮助到大家。

每个时代，都在悄悄犒赏会学习的人。

这个世界，也正在残酷惩罚那些固步自封的人。

橙子团队有一个大大的梦想，那就是计划用十年时间创作十本具有国际水准的珠宝设计画册！

希望我们能坚持下去，你们就是见证者。

愿每一个付出努力的人都梦想成真。

黄湘民
2018年06月

鸣 谢 单 位

广州雅媛年华珠宝有限责任公司	西安秦霓斋珠宝工作室	昆明市杰克尖晶
广东省中创珠宝设计创意中心	厦门万宝汇珠宝有限公司	唐山市瑞琳珠宝
卡亚蒂芙（北京）贸易有限责任公司	大连菡瀚珠宝有限公司	上海市明菉珠宝
上海唯宝荟文化传播有限公司	Fiona.Gu珠宝定制工作室	无锡市宣臻珠宝
深圳庭笙珠宝艺术有限公司	云南客谷商贸有限公司	上海珍晶采珠宝
豪设（上海）空间设计有限公司	广州君怡珠宝有限公司	Serena.S 臻品坊
瑷珂珠宝（常州）有限公司	润知高级珠宝定制	广州市灿星珠宝
	衢州市七克拉珠宝	吴晓岚女士

淘宝号　　微信号　　公众号　　微博号

橙子设计　　创意人生

图书在版编目（CIP）数据

橙子珠宝设计画册.Ⅰ/黄湘民等著.—武汉：中国地质大学出版社.2018.8
ISBN 978-7-5625-4304-6

Ⅰ.①橙…
Ⅱ.①黄…
Ⅲ.①宝石-设计-画册
Ⅳ.①TS934.3-64

中国版本图书馆CIP数据核字（2018）第 208735 号

橙子珠宝设计画册 Ⅰ		黄湘民　陈敏　黄素玲　陈韵宜　著
责任编辑：张 琰　李应争	选题策划：张 琰	责任校对：周 旭
出版发行：中国地质大学出版社（武汉市洪山区鲁磨路388号）		邮政编码：430074
电话：（027）67883511	传真：（027）67883580	E-mail: cbb@cug.edu.cn
经销：全国新华书店		http//: cugp.cug.edu.cn
开本：889毫米×1194毫米　1/12		字数：1332千字　印张：37
版次：2018年08月第1版		印次：2018年8月第1次印刷
印刷：广州市彩源印刷有限公司		印数：1—1000册
ISBN 978-7-5625-4304-6		定价：690.00元

如用有印装质量问题请与印刷厂联系调换